普通高等教育"十三五"系列教材

物理演示实验

主　编　郎海涛
副主编　于化惠　林　静
　　　　季　梅　何惠梅

机械工业出版社

本书结合新高考改革对大学和高中物理与物理实验教学提出的新要求，筛选了133个演示实验项目，对其原理、方法等进行了深入的介绍。全书共六章：第1章为力学，介绍了包括相对运动在内的21个实验；第2章为热学，介绍了包括蒸汽机工作原理在内的4个实验；第3章为电磁学，介绍了包括避雷针原理在内的33个实验；第4章为机械振动与机械波，介绍了包括孤立波在内的19个实验；第5章为光学，介绍了包括裸眼立体显示在内的45个实验；第6章为近代物理，介绍了包括辉光球原理在内的11个实验。

　　本书为大学实验物理教学与高中实验物理教学的教材，可作为大学、高中理论物理教学的参考书，也可作为物理科学知识普及的参考书。

图书在版编目（CIP）数据

物理演示实验/郎海涛主编 . —北京：机械工业出版社，2018.8
（2024.1重印）

普通高等教育"十三五"系列教材
ISBN 978-7-111-60356-6

Ⅰ. ①物…　Ⅱ. ①郎…　Ⅲ. ①物理学-实验-高等学校-教材
Ⅳ. ①O4-33

中国版本图书馆 CIP 数据核字（2018）第 142734 号

机械工业出版社（北京市百万庄大街 22 号　邮政编码 100037）
策划编辑：李永联　责任编辑：李永联　于苏华
责任校对：刘志文　封面设计：马精明
责任印制：邵　敏
北京富资园科技发展有限公司印刷
2024 年 1 月第 1 版第 6 次印刷
184mm×260mm・11 印张・211 千字
标准书号：ISBN 978-7-111-60356-6
定价：39.80 元

电话服务　　　　　　　　　网络服务
客服电话：010 - 88361066　机　工　官　网：www.cmpbook.com
　　　　　010 - 88379833　机　工　官　博：weibo.com/cmp1952
　　　　　010 - 68326294　金　书　网：www.golden-book.com
封底无防伪标均为盗版　机工教育服务网：www.cmpedu.com

前 言

实验是物理学的基础，是检验物理理论的标准。物理演示实验既是物理理论教学的有益补充，又兼具拓展课本知识点的作用，是当前物理教学的重要组成部分。物理演示实验能化抽象为具体，化枯燥为生动，把物理现象清楚地展现在学生面前，因此深受学生的喜爱。物理演示实验为教师进行教学工作提供了更丰富的方法和手段，通过引导学生观察，并进行思考，同时配合讲授，学生可以更好地认识物理概念和规律，达到事半功倍的效果。

本书是在总结北京化工大学物理教学实验中心演示实验室近十年建设经验的基础上，并结合北京化工大学附属中学物理教学实验平台近三年的建设成果，在深入思考和分析新高考改革对大学及高中物理和物理实验教学提出的新要求后，由两校物理及物理实验教学一线教师精心编写而成。在编写过程中，做到了延续传统并与时俱进，既汇集了经典物理演示实验的内容，又体现了物理学及新技术的最新发展。

本书由北京化工大学郎海涛教授担任主编，北京化工大学林静、何惠梅以及北京化工大学附属中学于化惠、季梅担任副主编。参加编写的还有：石洪基、徐永杰、杨洁、武思文、陶云红。

本书为大学实验物理教学与高中实验物理教学的教材，可作为大学、高中理论物理教学的参考书，也可作为物理科学知识普及的参考书。

特别感谢机械工业出版社的编辑为本书的出版所付出的努力。

由于编者水平有限，时间仓促，书中难免有不妥之处，望读者指正。

编 者

目 录

前 言
第1章 力学 ·················· 1
  实验1.1 相对运动 ············· 1
  实验1.2 惯性离心力 ············ 2
  实验1.3 科里奥利力 ············ 3
  实验1.4 旋珠式科里奥利力演示 ····· 5
  实验1.5 傅科摆 ··············· 6
  实验1.6 转动液体内部压强的分布 ··· 7
  实验1.7 水火箭 ··············· 9
  实验1.8 弹性碰撞 ············· 10
  实验1.9 锥体上滚 ············· 12
  实验1.10 转动定律 ············ 12
  实验1.11 对比滚柱式转动惯量演示 · 13
  实验1.12 刚体的进动（陀螺仪） ··· 14
  实验1.13 茹科夫斯基凳 ········· 16
  实验1.14 角动量守恒转台 ······· 17
  实验1.15 利用直升机演示角动量守恒 · 18
  实验1.16 伯努利方程 ·········· 20
  实验1.17 伯努利悬浮球 ········· 23
  实验1.18 气体流速与压强成反比 ··· 24
  实验1.19 飞机的升力 ·········· 24
  实验1.20 流体的层流和湍流 ····· 25
  实验1.21 阿基米德螺旋汲水机 ···· 26

第2章 热学 ················· 28
  实验2.1 双向翻转式伽尔顿板 ····· 28
  实验2.2 大型蒸汽机的工作原理 ··· 29
  实验2.3 斯特林热机 ··········· 30
  实验2.4 外燃式高温斯特林热机 ··· 32

第3章 电磁学 ··············· 33
  实验3.1 静电跳球 ············· 34
  实验3.2 静电乒乓球 ··········· 34
  实验3.3 静电除尘 ············· 35
  实验3.4 尖端放电吹烛、静电风滚筒和

  富兰克林轮 ················· 36
  实验3.5 避雷针的工作原理 ······ 37
  实验3.6 库仑扭秤 ············· 38
  实验3.7 雅格布天梯 ··········· 40
  实验3.8 高压带电作业 ········· 40
  实验3.9 手触式蓄电池 ········· 41
  实验3.10 电介质对电容的影响 ···· 42
  实验3.11 RC电路的时间常数 ···· 43
  实验3.12 压电效应 ············ 44
  实验3.13 磁力 ··············· 46
  实验3.14 亥姆霍兹线圈 ········· 47
  实验3.15 地磁场水平分量的测量 ··· 49
  实验3.16 洛伦兹力及电子阴极射线 · 51
  实验3.17 电子束的电偏转与磁偏转 · 53
  实验3.18 电子束的电聚焦与磁聚焦 · 55
  实验3.19 温差电磁铁 ·········· 59
  实验3.20 安培力 ············· 60
  实验3.21 巴比轮 ············· 60
  实验3.22 楞次定律 ············ 61
  实验3.23 涡流的热效应 ········· 62
  实验3.24 涡流的力学效应 ······· 63
  实验3.25 阻尼摆与非阻尼摆 ····· 64
  实验3.26 电磁驱动 ············ 65
  实验3.27 巴克豪森效应 ········· 66
  实验3.28 铁磁材料的居里点 ····· 68
  实验3.29 电磁炮 ············· 69
  实验3.30 轻功漫步 ············ 70
  实验3.31 三相旋转磁场 ········· 70
  实验3.32 脚踏发电机 ·········· 71
  实验3.33 能量转换轮 ·········· 72

第4章 机械振动与机械波 ······ 74
  实验4.1 简谐振动与圆周运动 ···· 74
  实验4.2 大型蛇形摆 ··········· 75

实验 4.3　共振 ································ 76
实验 4.4　大型玻璃杯的共振 ·········· 78
实验 4.5　简谐振动的合成 拍 ·········· 79
实验 4.6　相互垂直的简谐振动的合成 ····· 80
实验 4.7　激光李萨如图形 ·············· 82
实验 4.8　纵波 ····························· 83
实验 4.9　声波波形 ······················ 84
实验 4.10　声波可见 ···················· 85
实验 4.11　水面波 ······················· 86
实验 4.12　弦线上的驻波 ·············· 89
实验 4.13　环驻波 ······················· 92
实验 4.14　弹簧纵驻波 ·················· 93
实验 4.15　声驻波（昆特管） ·········· 94
实验 4.16　鱼洗 ·························· 95
实验 4.17　克拉尼图形 ·················· 95
实验 4.18　大型混沌摆 ·················· 96
实验 4.19　孤波 ·························· 97

第 5 章　光学　98
实验 5.1　双曲面镜成像 ················· 98
实验 5.2　同自己握手 ··················· 99
实验 5.3　光学幻影 ······················ 99
实验 5.4　窥视无穷 ···················· 100
实验 5.5　大型金字塔 360°幻影 ······ 101
实验 5.6　光学分形 ···················· 102
实验 5.7　光岛 ·························· 103
实验 5.8　菲涅耳透镜 ·················· 104
实验 5.9　双缝干涉 ···················· 104
实验 5.10　牛顿环 ····················· 105
实验 5.11　台帘式皂膜 ················· 107
实验 5.12　绿激光干涉综合演示 ······ 108
实验 5.13　单缝夫琅禾费衍射 ········· 110
实验 5.14　圆孔夫琅禾费衍射 ········· 110
实验 5.15　光学仪器的分辨本领 ······ 111
实验 5.16　光栅衍射 ··················· 113
实验 5.17　绿激光衍射综合演示 ······ 114
实验 5.18　迈克耳孙干涉仪 ··········· 115
实验 5.19　柱面光栅立体画 ··········· 117
实验 5.20　光的起偏与检偏 ··········· 118

实验 5.21　穿墙而过 ··················· 120
实验 5.22　光的双折射 ················· 121
实验 5.23　布儒斯特定律 ·············· 121
实验 5.24　反射起偏与检偏 ··········· 124
实验 5.25　玻片堆起偏与检偏 ········· 125
实验 5.26　偏振光的干涉 ·············· 126
实验 5.27　光测弹性 ··················· 128
实验 5.28　光的偏振现象的综合演示 ··· 129
实验 5.29　偏振光立体电影 ··········· 132
实验 5.30　旋光色散 ··················· 132
实验 5.31　人造火焰 ··················· 133
实验 5.32　海市蜃楼 ··················· 134
实验 5.33　光纤通信 ··················· 136
实验 5.34　无线光通信 ················· 139
实验 5.35　全息照相 ··················· 141
实验 5.36　白光反射全息图 ··········· 143
实验 5.37　大型动态全息图 ··········· 144
实验 5.38　θ 调制 ··················· 145
实验 5.39　光学显微镜的构造和使用 ··· 146
实验 5.40　天文望远镜的结构和使用 ··· 150
实验 5.41　视觉暂留 ··················· 153
实验 5.42　扫描成像原理 ·············· 154
实验 5.43　普氏摆 ····················· 154
实验 5.44　三基色 ····················· 155
实验 5.45　裸眼立体电视 ·············· 156

第 6 章　近代物理基础　158
实验 6.1　激光琴 ······················ 158
实验 6.2　光栅光谱 ···················· 159
实验 6.3　太阳电池 ···················· 160
实验 6.4　氢燃料电池 ·················· 162
实验 6.5　氢燃料电池小车 ············· 164
实验 6.6　辉光球 ······················ 164
实验 6.7　闪电盘 ······················ 165
实验 6.8　大型双层 LED 彩球 ········· 166
实验 6.9　彩色 LED 魔扇 ·············· 167
实验 6.10　悦动长廊 ··················· 168
实验 6.11　精准通过 ··················· 169

参考文献 ····························· 170

第1章

力　学

实验1.1　相对运动

【实验目的】

通过观察小球的运动轨迹，了解运动描述的相对性，以利于更好地描述运动，研究运动。

【实验装置】

相对运动演示实验装置主要含有电源箱、轨道、小车、三挡位扳动开关等，如图1.1-1所示。

图1.1-1　相对运动演示装置

【实验原理】

物质是运动的，运动是永恒的。世间一切物质无一不在运动。因此我们说，运动是绝对的，但运动的描述却是相对的。同一物体的同一运动，在不同参考系中的描述是不同的。比如，在相对地面运动的小车里竖直向上抛起又竖直向下落回的小球，在地面上的观察者看来，小球的运动轨迹却是一条抛物线。由于运动的描述具有相对性，这就要求我们在描述运动、研究运动时，必须指明是相对于哪个参考系的，否则，对于运动的描述是没有意义的。

【实验步骤】

1. 接通电源开关，调节电源箱面板上的电压、电流表至合适值。

2. 利用装置前端小盒上的扳动开关将小车置于轨道起始端。按下小车上圆碗里底部的弹射平台，并将小玻璃球放入其中。

3. 将三挡位扳动开关扳至运动挡，小车就会沿轨道移动。

实验 1.2　惯性离心力

【实验目的】

通过弹性圆环在快速旋转中变扁的物理现象，演示惯性离心力的存在与作用。

【实验装置】

仪器结构如图 1.2-1 所示。

相互垂直的两个圆环下端固定在电动机转轴上，上端通过一个固连着的小环套在竖直的转轴上，圆环可随电动机转动而转动。

【实验原理】

惯性定律（牛顿第一定律）在其中严格成立的参考系，称为惯性参考系，简称惯性系。

严格而言，地球和太阳都不是精确的惯性系。然而，对于日常所见的运动以及一般的实验，固定在地面上的参考系可以看成是近似程度相当好的惯性系。

惯性系的一个重要的性质是：相对于某一惯性系做匀速直线运动的任何其他参考系也一定是惯性系。相对于某一惯性系做加速运动的其他参考系都是非惯性系。

图 1.2-1　惯性离心力演示装置

牛顿运动定律只在惯性系中成立。然而，在实际问题中经常需要在非惯性系中观察、研究和处理物体的运动。为了能在非惯性系中从形式上利用牛顿第二定律来分析问题和解决问题，引入惯性力这一概念，即假想在非惯性系中的物体都会受到惯性力的作用。

在平动的非惯性系中，物体所受的惯性力为

$$\boldsymbol{F}_{惯} = -m\boldsymbol{a} \tag{1.2.1}$$

式中，$\boldsymbol{a}$ 为非惯性系相对于惯性系的加速度。

在转动的非惯性系中，物体受到的惯性力为

$$\boldsymbol{F}_{惯离} = m\omega^2 \boldsymbol{r} = \frac{mv^2}{r}\boldsymbol{e}_r \tag{1.2.2}$$

式中，ω 为非惯性系相对于惯性系的角速度；$\boldsymbol{e}_r$ 为矢径方向的单位矢量。正如式（1.2.2）已表明的，$\boldsymbol{F}_{惯离}$ 沿远离中心的矢径方向，所以称之为惯性离心力。

在本实验中，当按下电源开关时，电动机开始转动，圆环也随之旋转，圆环上的各部分都受到惯性离心力的作用，随着转速的加快，离心力越来越大，迫使环壁向外拉。根据上式可知，圆环上离转轴越远的部分（r越大）受到的惯性离心力越大，加上轴对圆环底端的约束作用，使环逐渐变扁。松开按钮开关后，随着转速减小，环所受的惯性离心力也越来越小，圆环在弹性力的作用下逐渐恢复原状。

【实验步骤】

1. 按下电源开关。
2. 观察转动着的圆环。当按下电源开关时，圆环随电动机开始旋转。随着转速的加快，作用于圆环上的惯性离心力迫使环壁向外拉，圆环变扁。
3. 松开电源按钮开关，圆环将恢复原状。

【知识拓展】

惯性离心力

惯性力是一种假想力，它并不是真实的力，不是物体之间的相互作用。因此，惯性力没有反作用力，它在本质上反映了非惯性系相对于惯性系的加速运动。惯性离心力是在转动的非惯性系中物体所受到的一种惯性力。如水平放置的光滑转台上有一轻橡皮筋，其一端系在转台中心，另一端系在小球上。当转台以恒定角速度转动时，一个随转台一起转动因而相对转台静止的观察者观察到橡皮筋被拉长，因而橡皮筋以拉力作用在小球上。在这个观察者看来，小球受力后仍能保持平衡，他必然想象有一个与橡皮筋拉力大小相等、方向相反的力作用在小球上，这个力就是惯性离心力。显然，引入惯性离心力是为了在从非惯性系来看力学现象时，使质点相对于非惯性系的运动在形式上满足牛顿第二定律。这是非惯性系中所采用的处理力学问题的一种方法。因为惯性离心力不是由物体间相互作用产生的，所以不能指出哪个物体引起惯性离心力，也不可能找到它的反作用力。

实验1.3 科里奥利力

【实验目的】

通过在转动的圆盘中运动的小球受力偏转的物理现象，了解科里奥利力的产生原因和影响。

【实验装置】

科里奥利力实验装置如图1.3-1所示。图1.3-2是其结构示意图，其中，1为可绕通过其中心的竖直轴转动的圆盘；2为固定在圆盘上的斜面凹槽轨道；3为可沿斜面凹槽轨道下滚的小球；4为支撑圆盘的支柱；5为底座。

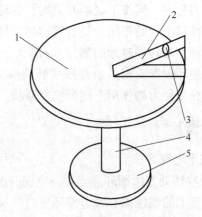

图 1.3-1　科里奥利力实验装置　　　　图 1.3-2　实验装置结构示意图

【实验原理】

在转动的非惯性系中，以速度 v 相对于该参考系运动的质点除了受到惯性离心力的作用（见图 1.2-1）外，还受到另外一种惯性力——科里奥利力的作用，科里奥利力的表达式为

$$\boldsymbol{F}_{\mathrm{c}} = 2m\boldsymbol{v} \times \boldsymbol{\omega} \tag{1.3.1}$$

式中，m 为物体的质量；$\boldsymbol{\omega}$ 为转动的非惯性系相对于惯性系的角速度。

本实验以转动的圆盘为非惯性系，当小球相对于圆盘沿斜面滚下时，小球因受到科里奥利力的作用而使运动轨迹偏离直线。

【实验步骤】

1. 保持圆盘静止，使小球沿导轨下滚，小球运动的轨迹沿圆盘的直径方向，不发生任何偏离。

2. 使圆盘转动，同时释放小球从导轨顶端滚下，当滚到圆盘面上脱离导轨时，小球将偏离直径方向运动：如果从上向下看圆盘逆时针方向旋转，即圆盘角速度 $\boldsymbol{\omega}$ 方向向上，则小球向前进方向的右侧偏离；如果圆盘转动方向相反，则小球将向前进方向的左侧偏离。

【知识拓展】

科里奥利力实例

由科里奥利力的表达式可以看出，无论物体向哪个方向运动，科里奥利力的方向，若在地球的北半球上，总是指向物体行进方向的右侧，如图 1.3-3 所示；若在地球的南半球上，总是指向物体行进方向的左侧。由此可以说明，为什么在北半球河流右岸被冲刷得比较严重，以及赤道附近的信风（见图 1.3-4）和北半球上的旋风的形成原因。

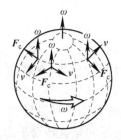

图 1.3-3　地球北半球科里奥利力的方向　　　　　图 1.3-4　信风

实验 1.4　旋珠式科里奥利力演示

【实验目的】

利用旋珠式科里奥利力演示仪，通过在转动中旋珠所围圆平面的形变演示科里奥利力的存在。

【实验装置】

主要由底座、转盘、支柱、飞轮和塑料串珠组成，如图 1.4-1 所示。

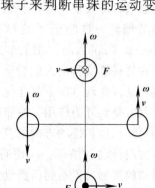

【实验原理】

科里奥利力是由法国气象学家科里奥利在 1835 年提出的，是为了描述旋转的非惯性系的运动而引入的一个假想力。科里奥利力不只与非惯性系相对于惯性系的转动有关，还与物体相对于转动的非惯性系的运动相关，其表达式为

$$F = 2mv \times \omega \qquad (1.4.1)$$

式中，F 为科里奥利力；v 为质点相对于转动非惯性系运动的线速度；ω 为转动的非惯性系相对于惯性系的角速度。

图 1.4-1　旋珠式科里奥利力演示仪

在本实验中，塑料串珠所围的平面发生形变、偏离平面的原因，是因为塑料串珠受到了科里奥利力的作用。取四个特殊位置（上、下、左、右）的珠子来判断串珠的运动变化。假设转盘是逆时针转动，即非惯性系的转动角速度 ω 的方向竖直向上，若飞轮绕自转轴在纸平面内的转动也是逆时针的，此时四个位置上的珠子相对于飞轮（非惯性系）的线速度 v 如图 1.4-2 中所示，则可以判断出：左、右两颗珠子所受的科里奥利力为零；上面的珠子受到的科里奥利力的大小为 $F = 2mv\omega$，方向垂直纸面向内，从而该位置上的串珠垂直纸面由外向内偏移（向后仰）；下面的珠子也受到同样大小的科里奥利力，方向却是垂直纸面向外，从而该位置上的串珠垂直纸面由内向外偏移（向前伸）。全部塑料串珠旋转所围的平面变形。

图 1.4-2　四个位置处的科里奥利力

【实验步骤】

1. 一手握住底座上方的转盘，使转盘固定。

2. 另一只手驱动飞轮，使飞轮绕水平自转轴转动，可以观察到飞轮边缘上的塑料串珠都在同一竖直平面内做圆周运动，呈一朵花的形状。

3. 飞轮在绕自转轴转动的同时，驱动转盘使转盘绕支承轴转动。可以观察到塑料串珠构成的花的形状发生了改变，不同位置的串珠产生了向竖直转动平面内或外的偏移，一眼望去，串珠的边缘似乎起了波浪。

【注意事项】

1. 操作时注意安全。

2. 连接串珠的细线易断，不要拉扯串珠。

实验 1.5　傅　科　摆

【实验目的】

演示地球自转产生的科里奥利力使摆球摆动平面发生转动的现象。

【实验装置】

傅科摆演示装置如图 1.5-1 所示。

【实验原理】

1851 年，法国物理学家傅科（J. B. L. Foucault 1819—1868）为了证实地球的自转，在巴黎万神殿的圆拱屋顶上悬挂了一个长约67m 的大单摆，摆锤是质量为 28kg 的铁球。尽管相对于惯性系（例如日心参考系）来说，单摆的摆动平面是保持不变的，但人们在地面上观察时却发现，傅科所悬挂的摆的摆动平面不断地在做顺时针方向的偏转，这验证了地球的自转运动。这就是著名的**傅科摆**（Foucault pendulum）。图 1.5-2 给出了傅科摆摆面轨迹的示意图。

图 1.5-1　傅科摆

在傅科摆实验中人们看到，摆动过程中摆动平面沿顺时针方向缓缓转动，摆动方向不断变化。分析这种现象，摆在摆动平面方向上并没有受到外力作用，按照惯性定律，摆动的空间方向不会改变，因而可知，这种摆动方向的变化，是由于观察者所在的地球沿着逆时针方向转动的结果，从而有力地证明了地球是在自西向东自转。傅科摆放置的位置不同，摆动情况也不同。在北半球时，摆动平面顺时针转动；在南半球看，摆动平面逆时针转动，而且纬度越高，转动速度越快；在赤道上的摆动平面几乎不转动。傅科摆摆动平面

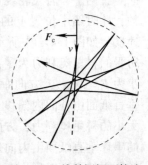

图 1.5-2　傅科摆摆面轨迹

偏转的角度可用公式 $\theta = 15t\sin\varphi$ 来求，θ 的单位是度。式中 φ 代表当地地理纬度；t 为偏转所用的时间，以小时为单位。由此可计算出在纬度 φ 处，傅科摆摆动平面每天转过的角度是 $2\pi\sin\varphi$ 弧度。在北京天文馆里的傅科摆摆长 10m，其摆动平面每隔 37 小时 15 分钟转动一周。根据这个关系式，可以算出北京的地理纬度就是"北纬 40 度"。

【实验步骤】

1. 实验前先调整仪器底座水平，使静止时摆球停在下圆盘中心。

2. 实验时把仪器电源打开，适当调整摆球摆幅使摆线刚好与金属环相碰，摆幅一般在下圆盘上的 4 格左右为宜。

3. 调节底盘上的定标尺，使其方向与单摆的摆动方向一致。

4. 经过一段时间（大约 1 ~ 2 小时），观察单摆的摆动面与定标尺方向的夹角（大约 $10° ~ 20°$）。

【注意事项】

1. 摆球摆动的幅度不能超过底盘的限定范围。

2. 在实验过程中，不要摇动仪器，此外还要避免风吹到摆上，影响摆的正常运行。

实验 1.6　转动液体内部压强的分布

【实验目的】

利用两个小球（比重分别大于和小于水的比重）在转动盘上透明管中的上升和下降来演示转动液体内部压强的变化及所受的离心力，加深对惯性离心力概念的理解。

【实验装置】

实验装置（见图 1.6-1）中的几个主要部分是：

1. 轻球（比重小于水）。

2. "V" 形有机玻璃管。

3. 液体（水）。

4. 重球（比重大于水）。

5. 电动机和调压器（电压≤75V）。

6. 转盘（转动角速度可通过调压改变）。

7. 支架。

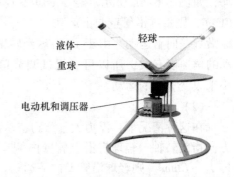

图 1.6-1　转动液体内部的压强分布演示仪

【实验原理】

图 1.6-2 表示一个水平放置的玻璃管，内部封装着密度为 ρ_0 的液体，玻璃管可以绕铅直轴（y 轴）在水平面内以角速度 ω 匀速转动，这时液体内部的压强沿 x 轴各点并不相等，其理由如下：

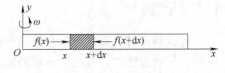

图 1.6-2　小液柱受力分析

在 x 处取一段长为 dx 的小液柱，其质量为 $\rho_0 Sdx$，S 为液柱截面积。小液柱两边的液体对其压力分别为 $f(x)$ 和 $f(x+dx)$。以管为参考系时，小液柱静止，故有如下的平衡方程

$$f(x+dx)-f(x)=\rho_0 Sdx\cdot\omega^2 x$$

可以解出

$$f(x)=\frac{1}{2}\rho_0 S\omega^2 x^2$$

由此可知，在转动液体中距离转轴为 x 处的压强 $P(x)=\frac{1}{2}\rho_0\omega^2 x^2$。

若一个长度为 l、密度为 ρ 的小圆柱体放入管中，设其左端位于 x 处，则其受到的合力为

$$F_l=\left[\frac{1}{2}\rho S\omega^2(x+l)^2-\frac{1}{2}\rho S\omega^2 x^2\right]-\left[\frac{1}{2}\rho_0 S\omega^2(x+l)^2-\frac{1}{2}\rho_0 S\omega^2 x^2\right]$$

$$=\frac{1}{2}(\rho-\rho_0)S\omega^2(2x+l)l$$

上式右边第一个中括号内的式子表示小圆柱体受到的总惯性离心力的大小，而第二个中括号内的式子表示液体对小圆柱体的作用力。由 F_l 表示式可知，若 $\rho>\rho_0$，则 $F_l>0$，表示合力沿 x 轴正向，小柱体将沿 x 轴正向运动而远离转轴；若 $\rho<\rho_0$，则 $F_l<0$，表示合力沿 x 轴负向，小柱体将沿 x 轴负方向运动，靠近转轴。

在本实验装置上，玻璃管不是水平的，而是向上翘起，它与水平面之间有一角度 θ，这时，液体中的球体会受到重力 $m\boldsymbol{g}$、液体对它向上的浮力 $\boldsymbol{F}'$、管壁的压力 $\boldsymbol{F}_N$ 以及前述的由转动引起的惯性力 $\boldsymbol{F}_i$ 的作用，如图 1.6-3 所示。

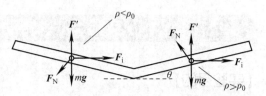

图 1.6-3　液体中的球受力分析

（1）$\rho>\rho_0$

这时，重力大于浮力，令 $G=mg-F'$，其大小不变，方向向下。该情况下重球将沿下管壁内侧运动，如图 1.6-4a 所示。若 $F_i\cos\theta>G\sin\theta$，即 $F_i>G\tan\theta$，则重球沿管壁向上运动。若 $F_i<G\tan\theta$，则重球沿管壁向下运动。由于 F_i 与球到转轴的距离和转动的角速度有关，所以可以通过调节角速度 ω 的大小来改变重球的运动。

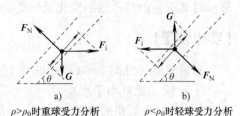

$\rho>\rho_0$ 时重球受力分析　　$\rho<\rho_0$ 时轻球受力分析

图　1.6-4

（2）$\rho<\rho_0$

在这种情况下，浮力大于重力，从而 $G=F'-mg$，方向向上，其大小也不变。而 $\boldsymbol{F}_i$ 的方向指向转轴，轻球将沿上管壁内侧运动，受力情况如图 1.6-4b 所示。若 $F_i\cos\theta>G\sin\theta$，即 $F_i>G\tan\theta$，则轻球沿管壁向下运动。若 $F_i<G\tan\theta$，则轻球沿管壁向上运动。同样可以通过调节角速度 ω 的大小来改变 F_i，观察轻球的运动。

【实验步骤】

转盘静止时可看到重球在透明管的底部，轻球浮在管中的水平面上。接通电源，调节调压器，使转盘转动，并使转速逐渐加快（注意：最高只能调到75V，否则转速太快易发生危险），可观察到重球逐渐上升，轻球逐渐下降。当深色球升到顶部后，断开电源，转盘转速

将逐渐减慢，这时可观察到两个小球做与转盘渐快时相反的运动，或可手动立即停止转盘转动，静止观察这一运动现象，从而分析转动液体内部的压强分布。

实验1.7 水 火 箭

【实验目的】

1. 了解火箭的飞行原理和应用。
2. 加深对动量守恒定律的理解。

【实验装置】

自制的水火箭演示器，如图1.7-1所示。

【实验原理】

图 1.7-1 水火箭

火箭是一种利用燃料燃烧后形成的热气流高速向后喷出，产生反冲推力向前运动的喷气推进装置，它自身携带燃料与助燃剂，不依赖空气中的氧助燃，因而可以在空间任何地方发动，既可在大气中、又可在外层空间飞行。火箭技术在近代有很大的发展，火箭炮以及各种各样的导弹都利用火箭发动机作动力。空间技术的发展更是以火箭技术为基础，各式各样的人造地球卫星、飞船和空间探测器都是靠火箭发动机发射来控制航向的。

火箭在飞行过程中随着火箭推进剂的消耗，其质量不断减小，是变质量飞行体。火箭的飞行原理简述如下：为简单起见，设火箭在自由空间飞行，即它不受引力或空气阻力等任何外力的影响。设某时刻 t 火箭（包括火箭体和其中尚存的燃料）的总质量为 $m_总$，以 v 表示此时刻火箭的速度，则此时刻系统的总动量为 $m_总 v$（沿 x 轴正向）。此后经过 dt 时间，火箭喷出质量为 dm 的气体，其喷出速度相对于火箭体为定值 u。在 $t+dt$ 时刻，火箭的速度增为 $v+dv$，而系统的总动量为

$$dm(v-u)+(m_总-dm)(v+dv)$$

由于喷出气体的质量 dm 等于火箭质量的减少，即 $-dm_总$，所以上式可写为

$$-dm_总(v-u)+(m_总+dm_总)(v+dv)$$

由动量守恒定律可得

$$-dm_总(v-u)+(m_总+dm_总)(v+dv)=m_总 v$$

展开此等式，略去二阶无穷小量 $dm_总 dv$，可得

$$udm_总+m_总 dv=0 \quad 或 \quad dv=-u\frac{dm_总}{m_总}$$

设火箭点火时的质量为 m_0，初速度为 v_0，发动机熄火（推进剂用完）时的质量为 m_1，达到的末速度为 v_1，对上式积分则有

$$\int_{v_0}^{v_1}dv=-u\int_{m_0}^{m_1}\frac{dm_总}{m_总}$$

可得
$$\Delta v = v_1 - v_0 = u\ln\frac{m_0}{m_1}$$
(1.7.1)

式中，$\frac{m_0}{m_1}$ 称为火箭的质量比。此式就是早在 1903 年齐奥尔科夫斯基推导出的单级火箭的理想速度公式，被称为齐奥尔科夫斯基公式。由这个公式可知，火箭在燃料燃烧后所增加的速度与发动机的喷气速度成正比，也与火箭的质量比的自然对数成正比。

即使使用性能最好的液氢液氧推进剂，发动机的喷气速度也只能达到 4.3 ~ 4.4km/s。目前单级火箭（只有一个发动机的火箭叫单级火箭）的质量比可做到 15。因此，在目前最好的情况下，单级火箭从静止开始可获得的末速度约为 11km/s。由于实际上从地面发射时，火箭要受到地球引力和空气阻力作用，末速度只可能达到 7km/s 左右。这一速度小于第一宇宙速度（7.9km/s），所以用单级火箭不能把人造地球卫星或其他航天器送入太空轨道，必须采用多级火箭，以接力的方式将航天器送入太空轨道。

多级火箭各级之间的连接方式有串联、并联和串并联几种。串联就是把几枚单级火箭串联在一条直线上；并联就是把一枚较大的单级火箭放在中间，叫芯级，在它的周围捆绑多枚较小的火箭，一般叫助推火箭或助推器，即助推级；串并联式多级火箭的芯级也是一枚多级火箭。

多级火箭各级之间、火箭和有效载荷及整流罩之间，通过连接 - 分离机构来实现连接和分离。分离机构由爆炸螺栓（或爆炸索）和弹射装置（或小火箭）组成。平时，它们由爆炸螺栓或爆炸索连成一个整体。分离时，爆炸螺栓或爆炸索爆炸，使连接解锁，然后由弹射装置或小火箭将两部分分开，也有借助前面一级火箭发动机起动后的强大射流分开的。发射时，第一级火箭先点火，火箭即开始加速上升。等这一级火箭所储存的燃料燃烧完后，整个这一级就自动脱落，以便增大此后火箭的质量比。随着第二级点火使火箭继续加速，它的燃料用完后又自动脱落，然后又第三级点火，这样一级一级地使火箭的有效载荷不断加速而最后达到需要的速度。

我们自制的水火箭演示器是以水作为推进剂，发射时，水火箭腔内具有一定压力的空气对水施以作用力，使水高速向下喷射而出，从而使水火箭腔体获得反向推力而向上飞行。

【实验步骤】

1. 往水火箭腔内注入约 1/3 体积的水，然后扣好带有气嘴的顶盖儿。
2. 将水火箭腔体上的气嘴朝下，然后通过气嘴向腔内打气，至腔内具有一定的压力。
3. 将打好气的腔体安装在水火箭发射底座上，上好解锁螺栓，缠好连接螺栓的拉绳。
4. 快速拉动解锁螺栓上的绳索，使水火箭发射升空。

【注意事项】

水火箭发射后，箭体的最大上升高度可达二三十米，所以一定要在室外空地上发射。

实验 1.8 弹 性 碰 撞

【实验目的】

通过对小钢球弹性碰撞现象的演示、观察与分析，加深理解动量守恒定律和机械能守恒定律。

【实验装置】

弹性碰撞演示装置, 如图1.8-1所示: 五个材料、质量、形状、尺寸完全相同的金属球用等长的摆线拴在水平横梁上。

【实验原理】

碰撞, 一般是指两个物体在运动中相互靠近, 或发生接触时, 在相对较短的时间内发生强烈相互作用的过程。碰撞会使两个物体或其中一个物体的运动状态发生明显的变化。如果两个物体发生碰撞后不再分开而以共同的速度运动, 这样的碰撞称为完全非弹性碰撞。当两个物体发生碰撞时, 碰撞前后两物体的总能没有损失的碰撞称为完全弹性碰撞, 有时简称弹性碰撞。

图1.8-1 弹性碰撞演示装置

设质量分别为m_1和m_2的两物体, 分别以速度v_{10}和v_{20}运动, 发生弹性碰撞, 碰撞后的速度分别v_1和v_2。设v_{10}、v_{20}和v_1、v_2的方向均沿两物体质心连线方向(这样的碰撞称为对心碰撞或正碰撞), 则由动量守恒定律可得

$$m_1 v_{10} + m_2 v_{20} = m_1 v_1 + m_2 v_2 \tag{1.8-1}$$

又由于是弹性碰撞, 总动能应保持不变, 可得

$$\frac{1}{2} m_1 v_{10}^2 + \frac{1}{2} m_2 v_{20}^2 = \frac{1}{2} m_1 v_1^2 + \frac{1}{2} m_2 v_2^2 \tag{1.8-2}$$

将上述二式联立, 可解得:

$$v_1 = \frac{(m_1 - m_2) v_{10} + 2 m_2 v_{20}}{m_1 + m_2} \tag{1.8-3}$$

$$v_2 = \frac{(m_2 - m_1) v_{20} + 2 m_1 v_{10}}{m_1 + m_2} \tag{1.8-4}$$

由此可得: 当$m_1 = m_2$时, $v_1 = v_2$, 即(质量相同的两个物体发生弹性碰撞时, 相互交换)(速度)。两个台球的碰撞就近似于这种碰撞。两个分子或两个粒子的碰撞, 如果没有引起内部的变化, 也都可以看作是弹性碰撞。

本实验中的几个小钢球质量相同, 它们相互碰撞时都是弹性碰撞。因此, 拉起几个小球, 下落碰撞后必然在另一侧弹起几个小球。

【实验步骤】

1. 用手拉起一个小钢球, 到一定高度后松手, 让小钢球下落后与其他没被拉起的小钢球碰撞。

2. 用手拉起两个小钢球, 到一定高度后松手, 让它们一同下落后与其他没被拉起的小钢球碰撞。

3. 再依次拉起三个、四个小钢球, 重复上述动作。

实验 1.9　锥 体 上 滚

【实验目的】

观察与思考双锥体沿斜面轨道上滚的现象，加深了解在重力场中，物体总是以降低重心力求稳定的规律。

【实验装置】

锥体上滚演示装置如图 1.9-1 所示，主要包含四部分：双锥体、双轨道、左右两端的双轨道支柱、底座。

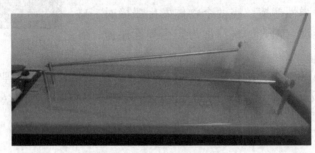

图 1.9-1　锥体上滚演示装置

【实验原理】

在锥体上滚实验装置中，影响锥体滚动的参数有三个，即导轨的坡度角 α、双轨道的夹角 γ 和双锥体的锥顶角 β。双锥体重心 O 能否移动与此三个角的大小有关。

双锥体的重心 O 位于锥体轴线的中点。当双锥体置于轨道最低端时，双锥体在轨道上的支点靠近重心 O，重心 O 距底座台面的高度在左端矮支柱的高度之上；当双锥体位于轨道上较高处时，由于两轨道之间的距离变大，双锥体在轨道上的支点远离了重心 O，这使重心 O 距台面的高度反而降低了，所以双锥体向轨道高端滚动。由此可见，锥体之所以上滚，就是因为在重力作用下，重心 O 下降引起的。计算表明，当角 α、β、γ 三者之间满足一定关系时就会出现锥体主动上滚的现象。

【实验步骤】

1. 将双锥体置于轨道低端，松手后双锥体沿轨道自低处向高处滚动。
2. 如果改变 α、β、γ 三者中的一个角度使之不满足相互之间的关系，双锥体将不能上滚。

实验 1.10　转 动 定 律

【实验目的】

演示、观察刚体的角加速度与力矩和转动惯量的关系，验证刚体定轴转动的转动定律。

【实验装置】

如图 1.10-1 所示为转动定律演示装置示意图。

1 为底座，2 为轴杆（用滚珠轴承固定，可自由转动），3 为绕线轮，4 为重物（沿水平杆位置可移动），5 为定滑轮，6 为砝码。

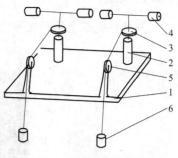

图 1.10-1　转动定律演示装置

【实验原理】

刚体是指无论受到多大外力的作用，其形状和大小都不改变的物体。刚体的一般运动可以看作是其质心的平动和整个刚体绕过质心轴的转动的合成。

当刚体做定轴转动时，刚体所受的对转轴的合外力矩等于刚体对此轴的转动惯量与刚体在此合外力矩作用下所获得的角加速度的乘积，可表示为

$$M = J\beta \tag{1.10-1}$$

这一规律称为刚体的定轴转动定律。式（1.10-1）表明，当刚体对固定轴的转动惯量 J 一定时，合外力矩 M 越大，则刚体获得的角加速度 β 越大；当 M 一定时，J 越小，则 β 越大。本实验就是演示刚体的角加速度与力矩和转动惯量的关系。

【实验步骤】

用左右两套结构完全相同的装置做对比实验。

1. 将两套装置上的重物固定在距轴都相同的位置上。

2. 将两套装置的线轮上缠绕等长的线绳，线绳上挂质量相同的砝码。将两砝码绕到最高的位置，同时释放两个转动系统，使它们在砝码的力矩作用下开始转动。可看到两套系统转动惯量相同，在相同力矩作用下，角加速度和转速也相同。

3. 将一套装置上的重物固定在距轴最远处，而将另一套装置上的重物固定在距轴很近处。

4. 将砝码绕到最高位置，同时释放两个转动系统，使它们在砝码的力矩作用下开始转动。可看到重物靠近轴的系统转得较快，另一个较慢。说明当力矩相同时，转动惯量愈小角加速度愈大。

5. 将两套装置上的重物固定在距轴相同的位置上，两线绳所挂砝码，其中一个再增加一个砝码，使作用力矩增加一倍。将砝码绕到最高位置，同时释放两个转动系统，可见到力矩大的系统旋转较快，另一个系统转动较慢。说明转动惯量相同时，力矩越大，角加速度越大。

实验 1.11　对比滚柱式转动惯量演示

【实验目的】

分别比较两个质量相同、质量分布不同和两个质量不同、质量分布相同的刚体转动速度

的快与慢，理解转动惯量的物理意义和决定因素。

【实验装置】

安装在底座上的凹弧形轨道、三个质量、材质不全相同的金属滚柱如图 1.11-1 所示。

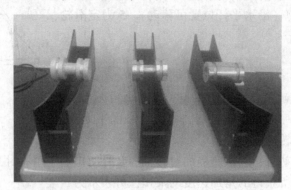

图 1.11-1　对比滚柱式转动惯量演示装置

【实验原理】

转动惯量是描述物体在转动中的惯性的物理量。刚体对转轴的转动惯量与刚体的总质量、质量的分布以及轴的位置有关。

当质量的分布以及轴的位置一定时，总质量越大，转动惯量越大。

当总质量以及轴的位置一定时，质量分布得离轴越远，转动惯量越大。

当总质量以及质量的分布一定时，轴的位置不同，则转动惯量不同。

在本实验中，两个材质相同的金属圆柱质量相同，但其中一个中间部分有空洞，质量分布离圆柱的轴相对较远，故它对圆柱轴的转动惯量较大。当把这两个金属圆柱从导轨上同样的高度同时释放时，就会看到：转动惯量较大的这个圆柱滚下去的速度较慢些。

一对形状相同但材质不同、质量不同的圆柱体，当它们在圆弧曲面上滚动时，质量较小的圆柱体因其转动惯量较小，故转动时角加速度较大，转速也较快。

【实验步骤】

1. 将两个材质相同的金属圆柱放在圆弧轨道顶端，使二者同时由静止释放，观察哪个滚动得更快。

2. 将两个材质不同、形状相同的圆柱放在圆弧轨道顶端，使二者同时由静止释放，观察哪个滚动得更快。

实验 1.12　刚体的进动（陀螺仪）

【实验目的】

通过对进动现象的观察，加深对角动量定理的了解。

【实验装置】

进动仪实验装置如图 1.12-1 所示，其中各部分分别是：1 为万向节，2 为平衡配重，3 为平衡杆，4 为自行车前轮总成，5 为立柱，6 为底座。

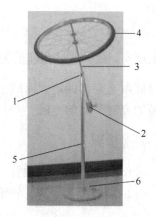

图 1.12-1　进动仪实验装置

【实验原理】

一个飞轮（常用自行车轮），轴的一端连接在一根固定竖直杆的顶端。先使飞轮轴保持水平，如果这时松手，飞轮当然会下落。如果使飞轮高速地绕自己的对称轴旋转起来（这种旋转叫自旋），当松手后，则飞轮并不下落，但它的轴会在水平面内以杆顶为中心转动起来，这种高速自旋的物体的轴在空间转动的现象叫进动。表现这种现象的装置叫进动仪。

为什么飞轮的自旋轴不下落而进动呢？这可以用角动量定理加以解释。

以 m 表示飞轮的质量，对于定点 O，在飞轮轴为水平的情况下，飞轮所受重力矩的大小为 $M = rmg$，重力矩 M 的方向沿水平面且垂直于自旋角动量 L，顺着 L 的方向看去指向 L 左侧。如图 1.12-2 所示。应用角动量定理可得：在 dt 时间内飞轮的自旋角动量 L 的增量为 $dL = Mdt$，dL 的方向也水平向左，这就使得 L 的方向，也就是自转轴的方向不是竖直向下倾倒，而是水平向左偏转。连续不断地向左偏转就形成了进动，这就是说，进动现象正是自旋的物体在外力矩的作用下沿外力矩方向改变其角动量矢量的结果。

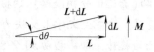

图 1.12-2　水平面上飞轮所受重力矩和角动量的方向

常见的进动实例是陀螺的进动。陀螺是绕支点做高速转动的物体，可以有各种不同的刚体形式和质量分布，还可以有各种不同的支承形式。

绕旋转对称轴以很大的角速度转动的物体（陀螺），如果没有外力矩的作用，由于惯性，物体转动轴的方向保持不变。而当高速转动的陀螺受到外力矩（如重力力矩）作用时，它并不是立即倾倒，而是在自传的同时，自传轴又绕着某固定轴沿锥面缓缓转动，这种自转轴的附加转动称为**旋进**或**进动**。而陀螺在外力矩的作用下发生进动的现象称为**回转效应**。由于摩擦等因素使陀螺绕对称轴转动的角速度逐渐变小，陀螺才慢慢地倾倒下来。本实验可以直观地演示出刚体的进动和陀螺的定轴性这一物理现象。

下面进一步定量地表述进动的原理。

当陀螺绕自己的对称轴高速旋转时，自转轴稍有倾斜，陀螺就会受到对定点 O（见图 1.12-3）不为零的重力矩 $M = r_c \times mg$ 的作用，它使陀螺的自转轴绕竖直轴逆时针转动。陀螺对定点 O 的角动量应等于陀螺的自转角动量 $I\omega$ 与进动角动量之和。若设陀螺在高速自转时可不计进动角动量，则对定点 O 的角动量近似为 $L = I\omega$。应用角动量定理，得 $dL = Mdt$。由图 1.12-3 可知，dL 的大小为

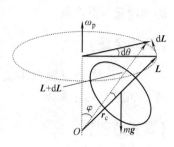

图 1.12-3　进动的原理

$$dL = L\sin\phi d\theta = I\omega\sin\phi\omega_p dt$$

即在 dt 时间内，陀螺的对称轴所转过的角度为

$$\mathrm{d}\theta = \frac{\mathrm{d}L}{L\sin\phi} = \frac{M\mathrm{d}t}{L\sin\phi} = \frac{r_c mg\sin\phi\mathrm{d}t}{L\sin\phi}$$

因此，陀螺的进动角速度为 $\omega_p = \dfrac{\mathrm{d}\theta}{\mathrm{d}t} = \dfrac{mgr_c}{L} = \dfrac{mgr_c}{I\omega}$。由此可见，陀螺的进动角速度 ω_p 随着其自旋角速度 ω 的增大而减小，与自旋轴与竖直方向的夹角 φ 无关。而进动方向决定于外力矩的方向和 ω 的方向。

【实验步骤】

1. 调节配重水平位置，使飞轮静止时转轴水平。转动飞轮，转轴仍可水平。
2. 调节配重位置，转轴将以支架为轴，顺时针或逆时针方向转动，即进动。

【知识拓展】

进动在天文上的应用——岁差

　　岁差现象的根源是地轴发生进动。在物理学中，将转动物体的转动轴环绕另一个轴做圆锥形运动称为进动，玩具陀螺的旋转就是生动的实例。地轴的进动与太阳和月球对地球非理想球体（赤道部分稍隆起）的摄动有关，其结果是引起地轴绕黄轴（地球轨道面法线）做圆锥形运动。这在天文学上反映为北天极（地轴指向）以黄极（黄轴指向）为中心，以23°26′为半径的旋转，每年移动50.2786″，最近的一次历时约25000年旋转一圈（岁差周期）。因此，不同历史时期的北极星并非固定不变，一万多年后的北极星将由织女星（天琴座 α）来担任。

　　地轴进动也必然影响到赤道面的变动，使天赤道与黄道的交点（春分点）在黄道上也以每年50.2786″的速度向西移动（交点退行）。因此，以春分点为参考点度量的回归年（等于365.2422平太阳日），比恒星年（等于365.2564平太阳日）要少0.0142日，即短20min26.9s。

实验1.13　茹科夫斯基凳

【实验目的】

　　定性观察在合外力矩为零的条件下，物体系统的角动量守恒现象。

【实验装置】

　　1为可绕竖直轴自由旋转的椅子，2为一对哑铃，如图1.13-1所示

【实验原理】

　　角动量守恒定律指出：如果系统所受的合外力

图1.13-1　茹科夫斯基凳

矩为零,则系统的角动量守恒。系统对某一轴的角动量等于系统对该轴的转动惯量与角速度的乘积。当物体系统绕定轴转动时,如果系统对轴的转动惯量是可变的,则在角动量守恒的情况下,系统对轴的角速度 ω 随转动惯量 I 的改变而改变,但两者之乘积 $I\omega$ 保持不变,因而当 I 变大时,ω 变小;I 变小时,ω 变大。

在本实验中,以演示者、一对哑铃和转椅为系统,演示者、哑铃和转椅的重力以及地面对转椅的支承力皆平行于转轴,不产生力矩,因此系统所受的合外力矩为零,系统的角动量应始终保持不变。当坐在转椅上的演示者两臂平伸时,系统对轴的转动惯量增大,因此角速度减小,转椅的转速变慢;当演示者收缩双臂时,转动惯量减小,于是角速度增大,转椅的转速变快。

【实验步骤】

演示者坐在可绕竖直轴自由转动的转椅上,手握哑铃,两臂平伸。在使转椅转动起来后,演示者收回双臂,旁边的人可看到演示者和转椅的转速显著加大。演示者的两臂再度平伸,转速又减慢。

【注意事项】

在实验时,实验者一定要在转椅上坐好,以防转椅旋转时跌下来。

【知识拓展】

角动量守恒的例子

角动量守恒定律与动量守恒定律和能量守恒定律一样,是自然界中的普遍规律。即使在原子内部,也都严格遵守着这三条定律。在日常生活中,利用角动量守恒定律的例子也是很多的,例如,舞蹈演员、花样滑冰运动员等,在旋转时,往往先把两臂张开,然后迅速将两臂放下靠拢身体,使自身的转动惯量迅速减小,于是旋转速度明显加快。又如跳水运动员,在起跳时,总是将两臂伸直,然后以某一角速度跳起,在空中翻转时,将臂和腿尽量蜷缩起来,以减小转动惯量,使翻转的角速度加快,当快要到达水面时,再伸直臂和腿以增大转动惯量,减小角速度,以便竖直地进入水中。太阳系中行星绕太阳公转时,近日点处转速快,远日点处转速慢,也是角动量守恒的一种表现。

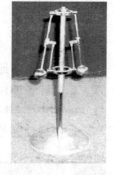

图 1.13-2 旋飞球

相似的实验:旋飞球——角动量守恒演示仪,如图 1.13-2 所示。

通过改变转动小球到转轴的距离,从而改变小球的转速。当小球向转轴靠拢时,可看到小球转速急剧增加;反之,小球远离转轴时,转速减慢。这样,很好地演示了角动量守恒。

实验1.14 角动量守恒转台

【实验目的】

以操作者的亲身实践来验证角动量守恒定律。

【实验装置】

圆形转动平台、一个可以手持的转轮，如图 1.14-1 所示。

【实验原理】

绕定轴转动的刚体，当对转轴的合外力矩为零时，刚体对转轴的角动量守恒。由几个刚体组成一个定轴转动系统，只要整个系统所受合外力矩为零，系统的总角动量也守恒。在本实验中，实验者站在转台上，人、转轮和转台构成的转动系统没有对转轴的外力矩，系统对转轴的角动量守恒。开始时系统静止，角动量为零。让转轮转起来便产生了对转轴的角动量，从而人与转台必须向反方向转动，使其产生对转轴的反方向角动量，以保持该系统的总角动量仍然为零。

图 1.14-1　角动量守恒转台

【实验步骤】

1. 实验者手握转轮站在转台上，拨动转轮，使转轮转动起来。

2. 将转轮举过头顶并使之处于水平转动的状态，观察到人与转台沿着与转轮相反的方向转动。

3. 将举轮的手臂下垂，仍使转轮处于水平转动的状态，只是改变了转轮的转动方向，观察到人与转台也改变了转动的方向。

4. 重复上述操作。

【注意事项】

1. 实验者要站在转台的中部，两脚叉开，脚的位置尽量对转轴对称。
2. 转轮的转速越大，效果越明显。
3. 实验者的体重越小，效果越明显。
4. 同一个实验者不要长时间重复实验，以免眩晕。
5. 要握住转轮，不要脱手。

实验 1.15　利用直升机演示角动量守恒

【实验目的】

通过直升机机身螺旋桨和尾翼螺旋桨的旋转情况演示角动量守恒。

【实验装置】

一支架上安装有一驾迷你型直升机，支架底座一电源线与控制仪相连接，如图 1.15-1 所示。

【实验原理】

在本实验中，就机身螺旋桨和尾翼螺旋桨构成的转动系统而言，对转轴的合外力矩为零，由定轴转动角动量守恒定律可知，直升机系统对竖直轴的角动量保持不变。所以，由于机身螺旋桨的旋转使得螺旋桨对竖直轴产生了角动量，根据角动量守恒定律，机身必须向反方向转动，使其对竖直轴的角动量与螺旋桨产生的角动量等值反向。当开动尾翼时，尾翼推动大气产生补偿力矩，根据角动量守恒定律，该力矩足以克服机身的反转使得机身不再旋转而保持不动

图 1.15-1　直升机演示角动量守恒

【实验步骤】

就普通固定翼飞机而言，其飞行浮力来自固定在机身上的呈流线型的机翼。当飞机向前飞时，由伯努利方程可知，正是由于机翼的上、下表面的压力差使飞机产生上升的浮力。同样，直升机的浮力也来自相同的原理。但是直升机上的机翼则是旋转中的螺旋桨，被称为"旋翼"（每一片旋翼桨叶的截面形状就是一个翼型）。当旋翼提供浮力的同时，也会令飞机与旋翼做反方向旋转，必须以相反的力来平衡。旋翼在做圆周运动时，由于半径的关系，翼尖处的线速度可以接近音速，但圆心处的线速度为零！因此，旋翼在靠近圆周的地方产生最大的升力和推力，而在靠近圆心的地方非但不产生升力和推力，还会产生阻力。此外，桨叶在左右两侧和空气的相对速度之差还带来对直升机飞行速度的限制。用旋翼产生推力时，直升机的前飞速度不可能超过旋翼翼尖的线速度。另外，由于旋翼前倾才能产生前飞的推力，阻力在倾斜的旋翼平面上形成一个向下的分量，造成速度越大、"降力"越大的尴尬局面，必须用增加的升力来补偿，白白浪费发动机功率。这些原因使得直升机的速度难以提高。多数做法是以小型的尾翼螺旋桨在机尾做相反方向的推动，就是靠在尾部吹出空气，用附壁效应产生的推力平衡，好处是大幅减少噪声，而且也可以避免尾翼螺旋桨碰损的可能性，提高飞机的安全性。部分大型直升机则使用向不同方向旋转的旋翼，互相抵消对机体产生的旋转力。

1. 打开电源开关，将机身螺旋桨和尾翼螺旋桨控制方向的开关方向拨到一致位置，按下机身螺旋桨的控制按钮，可观察到机身和螺旋桨沿着相反的方向旋转起来，当加大螺旋桨转速时，机身的转速也随之加大。

2. 按下尾翼螺旋桨控制按钮，尾翼螺旋桨旋转，机身转速变慢，调整尾翼螺旋桨转速，直至机身不再旋转。

3. 松开机身螺旋桨和尾翼螺旋桨的控制按钮，同时改变机身螺旋桨和尾翼螺旋桨控制开方向的开关，随后再次依次按下机身螺旋桨和尾翼螺旋桨控制按钮，观察反转的现象。

4. 最后，松开机身螺旋桨和尾翼螺旋桨的控制按钮，将转速控制电压降到最低，关闭仪器电源。

【知识拓展】

直升机的旋翼

中国的竹蜻蜓和意大利人达芬奇的直升机草图，为现代直升机的发明提供了启示，指出了正确的思维方向，它们被公认是直升机发展史的起点。

竹蜻蜓又叫飞螺旋和"中国陀螺"，这是我们祖先的奇特发明，一直流传到现在。现代直升机尽管比竹蜻蜓复杂千万倍，但其飞行原理却与竹蜻蜓有相似之处。现代直升机的旋翼就好像竹蜻蜓的叶片，旋翼轴就像竹蜻蜓的那根细竹棍儿，带动旋翼的发动机就好像我们用力搓竹棍儿的双手。竹蜻蜓的叶片前面圆钝，后面尖锐，上表面比较圆拱，下表面比较平直，其剖面就是翼型，由伯努利方程可知，当气流经过圆拱的上表面时，其流速快而压力小；当气流经过平直的下表面时，其流速慢而压力大，就这样上下表面形成了压力差而产生向上的升力。当升力大于它本身的重量时，竹蜻蜓就会腾空而起。直升机旋翼产生升力的道理与竹蜻蜓是相同的。

19 世纪末，在意大利的米兰图书馆发现了达芬奇在 1475 年画的一张关于直升机的想象图。这是一个用上浆亚麻布制成的巨大螺旋体，看上去好像一个巨大的螺丝钉。它以弹簧为动力旋转，当达到一定转速时，就会把机体带到空中。驾驶员站在底盘上，拉动钢丝绳，以改变飞行方向。

实验 1.16　伯努利方程

【实验目的】

演示流体的流速与压强成反比，定性验证伯努利方程。

【实验装置】

实验装置如图 1.16-1 所示。

附带气泵（220V，50W，60L/min）

【实验原理】

流体是具有流动性的连续介质，是气体和液体的总称。所谓理想流体，就是绝对不可压缩、且完全没有黏性的流体。

通常用**流线**来形象地表示流速场 $v(x,y,z,t)$。流线是流场中一系列假想的曲线，在每一瞬时，曲线上每一点的切线方向与处在该点的流体质元的速度方向一致。在流体内做一微小的闭合曲线，通过其上各点的流线所围成的细管称为**流管**。由于每一点都有唯一确定的流速，所以流线不会相交，流管内外的流体都不会穿越管壁。

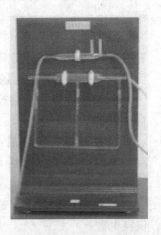

图 1.16-1　伯努利装置

一般而言，流速场的空间分布是随时间变化的，$v = v(x, y, z, t)$。这时，流线的形状将随时间而变化，流线与流体单个质元的轨迹并不重合。然而，在一定的条件下，流速场的空间分布不随时间改变，即 $v = v(x, y, z)$，这种流动称为**定常流动**。在定常流动的情况下，流线就是流体质元的运动轨迹。

理想流体定常流动的动力学方程可用**伯努利方程**表示为

$$p + \frac{1}{2}\rho v^2 + \rho gh = 恒量 \tag{1.16-1}$$

伯努利方程表明，在做定常流动的流体中，沿同一流线的每单位体积流体的动能、势能以及该处的压强之和是一个常量。

对于图 1.16-2 中所示的两处，应用伯努利方程，则有

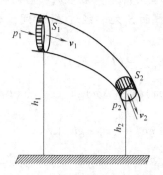

图 1.16-2　伯努利方程原理

$$p_1 + \frac{1}{2}\rho v_1^2 + \rho gh_1 = p_2 + \frac{1}{2}\rho v_2^2 + \rho gh_2 \tag{1.16-2}$$

式中，p_1 和 p_2 分别为截面 S_1 和截面 S_2 处的压强，ρ 为流体的密度，h_1 和 h_2 分别为 S_1 面和 S_2 面相对于同一势能零点的高度，g 为重力加速度。

如果流管处在同一水平面上，则伯努利方程可化为

$$p + \frac{1}{2}\rho v^2 = 恒量 \tag{1.16-3}$$

可见，**理想流体在沿水平流管做定常流动时，流速越大的地方压强越小，流速越小的地方压强越大。**

【实验步骤】

1. 将装置水平放置，一端接水龙头，打开水龙头，使水流比较平稳，可见玻璃管截面大处的竖直管中的水柱比较高，而截面小处的竖直管中的水柱比较低，说明在稳定流动的流管中，流速小处压强大，流速大处压强小。适当开大水龙头，两竖直管水柱高度差增大。

2. 用气泵从装置左端向管内吹气，气流经水平管并从右端流出，可见到三连通管中的水柱高度不同，中间管中水柱低于两边管中水柱，这表明两边气体压强小，中间处气体压强

大。说明在水平流管中，流速大处压强小，流速小处压强大。

【注意事项】

1. 开水龙头时要从小到大慢慢调节，不能一下子把水龙头拧得太大，否则水会从竖直管中喷出。

2. 玻璃管易碎，小心不要碰到。

【知识拓展】

伯努利方程的导出

图 1.16-2 所示为理想流体在重力场中做定常流动时的一根细流管。设在某时刻 t，该流管中质量为 Δm 的一段流体位于截面 S_1 处。经过 Δt 时间，这段流体到达截面 S_2 处，则这段流体的机械能的增量为

$$\Delta E = (E_k + E_p)_2 - (E_k + E_p)_1$$

$$= \left[\frac{1}{2}(\Delta m)v_2^2 + (\Delta m)gh_2 \right] - \left[\frac{1}{2}(\Delta m)v_1^2 + (\Delta m)gh_1 \right]$$

$$= \left(\frac{1}{2}v_2^2 + gh_2 - \frac{1}{2}v_1^2 - gh_1 \right)\Delta m$$

其中 v_1、v_2 分别为该段流体在 S_1、S_2 处的流速。对于定常流动，流体的流速只是坐标的函数，与时间无关，即流体中各点的流速是一个定值，不随时间而改变。

对理想流体来说，内摩擦力为零，它后面的流体推它前进，压力 p_1 做正功：

$$W_1 = p_1 S_1 v_1 \Delta t$$

它前面的流体阻碍它前进，压力 p_2 做负功：

$$W_2 = -p_2 S_2 v_2 \Delta t$$

因为理想流体不可压缩，所以在相同时间内流过流管任意截面的流体的体积相同，即

$$S_1 v_1 \Delta t = S_2 v_2 \Delta t = \Delta V$$

外力所做的总功为

$$W = W_1 + W_2 = (p_1 S_1 v_1 - p_2 S_2 v_2)\Delta t = (p_1 - p_2)\Delta V$$

由于

$$\Delta m = \rho \Delta V$$

所以

$$W = (p_1 - p_2)\frac{\Delta m}{\rho}$$

由功能原理，有 $\Delta E = W$，即 $\frac{1}{2}v_2^2 + gh_2 - \frac{1}{2}v_1^2 - gh_1 = \frac{1}{\rho}(p_1 - p_2)$

整理得

$$p_1 + \frac{1}{2}\rho v_1^2 + \rho g h_1 = p_2 + \frac{1}{2}\rho v_2^2 + \rho g h_2$$

这就是**伯努利方程**，它表明，在做定常流动的理想流体中，沿同一流线的每单位体积流体的动能、势能以及该处的压强之和是一个常量，即对于同一条细流管中的任一截面，有

$$p + \frac{1}{2}\rho v^2 + \rho g h = 恒量$$

伯努利方程实质上是能量守恒定律在理想流体定常流动中的表现，它是流体动力学的基

本规律，有许多实际应用。例如，在容器所盛液体的液面下 h 处，器壁上有一小孔，液体从这里源源流出。利用伯努利方程可以算出，小孔流速为 $v=\sqrt{2gh}$。如果理想流体沿水平流管做定常流动，或流体的高度变化相对不大，或高度的变化对压强的影响很小（如气体），则得到式（1.16-3），即

$$p + \frac{1}{2}\rho v^2 = 恒量$$

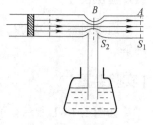

也就是流速较大处压强较小，流速较小处压强较大。因此，如图 1.16-3 所示，当我们向横管吹气或向右推动活塞时，横管 B 处的高速气流所造成的低压产生了一种吸取液体或气体的作用，称为**空吸作用**。小型喷雾器和汽油机的汽化器等，都利用了这种空吸作用。

图 1.16-3 空吸作用

实验 1.17 伯努利悬浮球

【实验目的】

1. 演示流体的流速与压强的关系，验证伯努利方程。
2. 了解伯努利原理在现实生活中的应用。
3. 尝试利用伯努利原理解释日常生活中的一些现象。

【实验装置】

伯努利悬浮球装置如图 1.17-1 所示。

【实验原理】

1726 年，瑞士著名科学家丹尼尔·伯努利在实验中发现：流体速度加快时，物体与流体接触界面上的压力减小，反之压力会增加。这一发现就是"伯努利效应"。由伯努利方程可知，定常流动的流体，流速越大压力越小，因此，气流柱的压力比周围的压力小。本实验的现象就是气体中伯努利原理的体现，喇叭口中心向外喷气，当塑料气球贴近喷气口时非但不会被吹开，反而悬浮在空中。由于球体贴近喷气口，减少了等量空气流动的空间，其流速快，而压强小；而球体下方空气流速慢，则压强大。正是上下面的压力差与塑料气球本身的重力平衡才造成球的悬浮状态。

【实验步骤】

1. 打开电源开关，电源指示灯亮。
2. 将气球置于漏斗下方，放手后气球悬浮起来。
3. 演示完毕，关掉电源开关，接住落下的气球。

图 1.17-1 伯努利悬浮球装置

实验 1.18 气体流速与压强成反比

【实验目的】

通过观察实验现象，了解气体内部各处流速与压强成反比的规律，强化对伯努利方程的理解。

【实验装置】

如图 1.18-1 所示：可绕竖直轴旋转的叶片及其防护玻璃罩，电动机封装在旋转轴下面的箱里。

【实验原理】

根据伯努利方程，当理想流体在同一水平高度上做定常流动时，流速越大的地方压强越小，流速越小的地方压强越大。将空气看作理想流体，在本实验中，由于叶片绕竖直轴旋转，带动周围空气也绕竖直轴旋转。叶片转动的角速度 ω 恒定，而其边缘各点的线速度 v 与叶片水平半径 R 有如下关系：

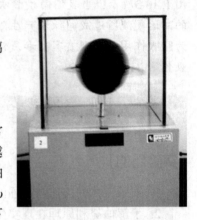

图 1.18-1 气体流速与压强成反比

$$v = R\omega \tag{1.18-1}$$

在赤道面上半径 R 最大，则 v 最大；而两极附近半径 R 最小，则 v 最小。即赤道面上空气绕竖直轴转动的速度大于上下两极的空气转动速度。又由于空气转速与压强成反比，则赤道面的压强小于两极附近的压强，于是环形纸片悬浮在赤道面上。

【实验步骤】

按压开关，使电动机电源接通，电动机开始绕竖直轴旋转，并带动叶片旋转，观察实验现象。

实验 1.19 飞机的升力

【实验目的】

1. 了解飞机升力的来源。
2. 熟悉伯努利原理，了解伯努利方程的应用。

【实验装置】

演示飞机升力的实验装置：在透明的罩壳内装有风动力系统，以及作对比用的一块平的和一块机翼形状的泡沫塑料板，如图 1.19-1 所示。

【实验原理】

流体动力学的基本规律——伯努利原理指出：在管道中以稳定速度流动的流体，如果流体是不可压缩的，而且能量既不增加，也不减少，那么沿管道各点流体的动压与静压之和为常量。由此可知，流体流速大的地方静压小，流速小的地方静压大。

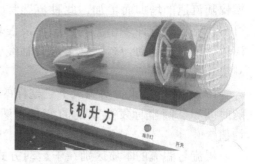

图 1.19-1　飞机的升力演示装置

飞机能飞行起来靠的是机翼产生的升力，沿着与飞机机身中心平面平行的方向剖机翼一刀，所剖开来的剖面形状，通常也称为"翼剖面"。最常见的翼剖面就是前端圆钝、后端尖锐，上边较弯、下边较平，上下不对称，很像一条去掉尾巴的鱼的形状。这样飞机向前移动时，根据伯努利原理，气流经过上翼面，气流受挤，流速加快，压力减小，而流过下翼面时气流受阻力影响流速缓慢，压力大，于是，这个压力差便形成了一种向上的升力，当这个升力大于飞机的重量时，飞机向上的加速度了。

【实验步骤】

本实验装置上端有一个机翼模型，把气源打开对着机翼吹风即可进行飞机升力的演示，可以看见乒乓球上升。

【注意事项】

实验时需适当选择气源与机翼的距离和角度。

实验 1.20　流体的层流和湍流

【实验目的】

演示流体通过各种流道的层流和湍流，从而使学生对流体的流动特性、流动状态及其变化规律有所了解。

【实验装置】

一组内含不同形状流道的展示板，板下面的箱内装有小的水泵，装置如图 1.20-1 所示。

图 1.20-1　流体的层流和湍流

【实验原理】

当流体流动时，如果流体质点的轨迹是有规则的光滑曲线（最简单的情形是直线），这种流动叫层流。当流体在管内流动时，其质点沿着与管轴平行的方向做平滑的运动。此种流动即为层流或滞流。流体的流速在管中心处最大，其近壁处最小。管内流体的平均流速与最大流速之比等于 0.5。当流速很小时，流体分层流动，互不混合，形成层流，也称为稳流或片流；逐渐增加流速，流体的流线开始出现波浪状的摆动，摆动的频率及振幅随流速的增加而增加，此种流况称为过渡流；当流速增加到很大时，流线不再清楚可辨，流场中有许多小漩涡，层流被破坏，相邻流层间不但有滑动，还有混合。这时的流体做不规则运动，有垂直于流管轴线方向的分速度产生，这种运动称为湍流，又称为乱流、扰流或紊流。

1959 年 J. 欣策曾对湍流下过这样的定义：湍流是流体的不规则运动，流场中各种量随时间和空间坐标发生紊乱的变化，然而从统计意义上说，可以得到它们的准确的平均值。

层流与湍流的本质区别在于运动方式，层流无径向脉动（流体质点沿着与管轴平行的方向做平滑直线运动，没有径向分量），而湍流有径向脉动（流体有垂直于流管轴线方向的分速度产生，有径向分量）。

大多数学者认为应该从纳维 – 斯托克斯方程出发研究湍流。湍流对很多重大科技问题极为重要，因此，近几十年所采取的做法是针对具体一类现象建立适合它特点的具体的力学模型，例如，只适用于附体流的湍流模型、只适用于简单脱体然后又附体的流动、只适用于翼剖面尾迹的或者只适用于激波和边界层相互作用的湍流模型等。湍流这个困难而又基本的问题，近年来日益受到了物理学界的重视。

【实验步骤】

1. 往盛水桶中注水。
2. 打开电源开关，观察几种不同的流道中流体流动的情况。

实验 1.21　阿基米德螺旋汲水机

【实验目的】

模拟"阿基米德举水螺旋"的汲水机，利用螺旋泵把水从低处搬运到高处。

【实验装置】

阿基米德螺旋汲水机如图 1.21-1 所示。

【实验原理】

常言道：人往高处走，水往低处流。而阿基米德螺旋汲水机却是一种让人少费力气就能使水流到高处的装置。

阿基米德（公元前 287 年—公元前 212 年），古希腊哲学家、数学家、物理学家，出生于西西里岛的叙拉古。阿基米德到过亚历山大里亚，据说他住在亚历山大里亚时期发明了阿基米德式螺旋汲水机。后

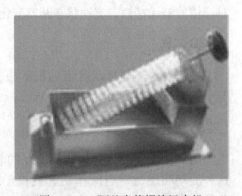

图 1.21-1　阿基米德螺旋汲水机

来，阿基米德成为精通数学与力学的伟大科学家，并且享有"力学之父"的美称。

阿基米德螺旋汲水机是一种输送液体的机械，具有结构简单、工作安全可靠、使用维修方便、出液连续均匀、压力稳定等优点。直到现在，一些现代工厂仍然使用它来移动流质和粉料。在现代工厂应用中称为螺旋输送机，其特点是：结构简单，横截面尺寸小，密封性好，工作可靠，制造成本低，便于中间装料和卸料，输送方向可逆向，也可同时向相反两个方向输送。输送过程中还可对物料进行搅拌、混合、加热和冷却等作业。通过装卸闸门可调节物料流量，但不宜输送易变质的、黏性大的、易结块的及大块的物料。输送过程中物料易破碎，螺旋及料槽易磨损。单位功率较大。使用中要保持料槽的密封性及螺旋与料槽间有适当的间隙。

【实验步骤】

1. 往水箱里充水。
2. 摇动螺旋右端的手柄，观察螺旋泵中水的上升情况。

第 2 章

热　学

实验 2.1　双向翻转式伽尔顿板

【实验目的】

利用大量的小钢珠——将每个珠子看作一个粒子，来模拟演示大量偶然事件所服从的统计规律。

【实验装置】

在一块矩形透明塑料板的中间，装有一个可以推入或者向外抽的阻隔上、下两部分空间的隔板（见图 2.1-1），在隔板的上部和下部对称规则地镶嵌上许多铁钉，铁钉的下面再用竖直的透明塑料隔板隔成许多等宽的狭槽。狭槽中放入了许多小红塑料珠子。板前再盖以同样大小的矩形透明塑料板，以使小珠留在狭槽内。这种装置称为双向翻转式伽尔顿板，如图 2.1-2 所示。

图 2.1-1　伽尔顿板中心的小隔板

图 2.1-2　伽尔顿板

【实验原理】

根据统计学的原理，大量偶然事件背后存在着必然的规律。

在本实验中，如果从漏斗口处每次落下一个钢珠，可以发现，钢珠在下落过程中先后与许多铁钉发生碰撞，最后落入哪个狭槽是不确定的。这表明，在一次实验中钢珠落入哪个狭槽是偶然的。如果同时落下大量的钢珠，就会发现，落入各狭槽的钢珠的数目是不相等的，在中央的狭槽内落入的钢珠最多，离中央越远的槽内钢珠越少。把钢珠按狭槽的分布情况用笔在板上画一条连续曲线来表示，经重复实验，可以发现：在钢珠数目较少的情况下，每次所得的分布曲线有显著的差别，但当钢珠的数目很多时，各次所得的分布曲线彼此近似地重合。

实验结果表明，尽管单个钢珠的落点是随机和不确定的，但大量珠子落下后的位置分布则遵循正态分布规律，即呈现有规则的中间多两边少且左右对称的状况。

统计规律是对大量偶然事件的整体起作用的规律，它体现了这些事物整体本质和必然的联系。

【实验步骤】

1. 实验开始前将仪器中的钢珠全部集中在伽尔顿板的下部，然后将中间的隔板推入。

2. 迅速将板翻转，使原来大量在下部的钢珠翻到伽尔顿板的上半部中间隔板之上。

3. 抽开中间隔板，钢珠在下落过程中一路上都与各种铁钉相碰撞，最后随机地落在下方的竖槽中，大量的钢珠都落完后，在各个竖槽中的钢珠呈现中间多两边少的正态分布状况。

实验 2.2　大型蒸汽机的工作原理

【实验目的】

演示卧式单缸蒸汽机的构造和工作原理，促进物理课程教学中热机部分的教与学。

【实验装置】

本仪器由全封闭压缩机、高温热源、毛细管（节压阀）、气压计、温度计及卡诺循环管等组成，实物如图 2.2-1 所示。仪器右边是气缸，通过连杆连接左边的飞轮，其构造剖面如图 2.2-2 所示。仪器正面是沿气缸纵轴剖开的断面，中间的圆柱形空腔是气缸，气缸两旁是冷却水套断面。气缸里左右移动的是活塞（制成整体形），气缸边上是曲轴箱，箱内前面一根是曲轴，通过连杆与活塞连接，后面一根是凸轮轴，上有两个位置不同的凸轮，拖动推杆依次上下运动，并通过摇臂控制气缸顶部的进气阀和排气阀的开闭。

图 2.2-1　蒸汽机模型

【实验原理】

热力学第二定律的开尔文表述：不可能从单一热源吸热，使之完全变为对外所做的有用功，而不产生其他影响。这一表述揭示了功热转换过程的不可逆性。

从蒸汽机模型气缸和气室的纵剖面（见图 2.2-2）可以看到气缸和汽室内活塞和滑阀的运动情况。从进气口压入压缩空气，推动活塞运动，可使蒸汽机对外做功。当曲柄推动车轮转动时，车轮带动连杆使滑阀来回移动，从而不断改变汽缸进汽和排汽的通道，最终在蒸汽的压力下使活塞不断地来回运动。

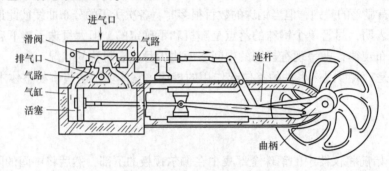

图 2.2-2　蒸汽机构造剖面图

蒸汽机起动后，压缩机工作，活塞上下推动使卡诺管内工质（理想气体）循环流动，于是在高温热源处内部压力增加，温度升高，高温热源对外放热，内部工质经节压阀流向低温热源，而低温热源内部压力低，于是从外界吸收热量，最后工质又流向压缩机，经压缩机开始新的循环。整个工作过程就是一个卡诺循环过程，主要是由于压缩机做功，使内部工质的物态发生变化来完成的，从而能很好地说明热力学第二定律。

【实验步骤】

1. 打开电源开关，起动蒸汽机。
2. 观察活塞、连杆、曲轴和飞轮的连接情况，看活塞的直线往复运动是如何转化成飞轮的旋转运动的。

【注意事项】

1. 这个蒸汽机模型一般是调整好了的，各部分动作是协调的，使用时无需进行调整。
2. 打开电源开关后，如果蒸汽机不起动，可以用手拨动一下飞轮。
3. 模型要注意保持清洁，转动部分要加润滑油。

实验 2.3　斯特林热机

【实验目的】

了解斯特林热机的构造和工作原理，促进对卡诺循环和热力学第二定律的理解。

【实验装置】

斯特林热机主要包含三个部分：热气室、冷气室和飞轮。本实验所用斯特林热机如图 2.3-1 所示，采用了低摩擦石墨活塞、滚珠轴承、平衡重量曲轴装置。热气室底部与室温的温差仅需 4℃ 即可驱动。

【实验原理】

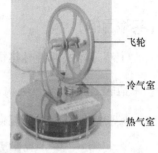

斯特林热机（Stirling Engine）是一种由外部供热使气体在不同温度下做周期性压缩和膨胀的闭式循环往复式发动机，由苏格兰牧师 Robert Stirling 于 1816 年发明。相对于内燃机燃料在气缸内燃烧的特点，热机又被称为外燃机。现在热机特指按闭式回热循环工作的热机，不包括斯特林热泵或斯特林制冷机。

图 2.3-1　低温斯特林热机

外燃机是一种外燃的闭式循环往复活塞式热力发动机，有别于依靠燃料在发动机内部燃烧获得动力的内燃机。新型外燃机使用氢气作为工质，在四个封闭的气缸内充有一定容积的工质。气缸一端为热腔，另一端为冷腔。工质在低温冷腔中压缩，然后流到高温热腔中迅速加热，膨胀做功。燃料在气缸外的燃烧室内连续燃烧，通过加热器传给工质，工质不直接参与燃烧，也不更换。图 2.3-2 是一个简易的斯特林发动机的模型示意图。斯特林发动机有两个气缸，一个是动力气缸，一个是热置换气缸。图中右上方的活塞就是动力活塞，它所在的气缸是动力气缸。图中下方的活塞是热置换活塞，又叫移气活塞，它所在的气缸就是热置换气缸。气缸内装有一定量的惰性气体。整个缸体下部为热气室，上部为冷气室。首先对热气室进行加热并达到一定程度，给活塞一个初速度。动力活塞往下运动将冷气室的气体压到热气室，气体在热气室受热膨胀，推动活塞向上运动，当气体到达冷气室时，气体冷却收缩，活塞缩回，又将气体压到热气室，这样就形成了一个往复运动，从而可以产生动力，这就是斯特林发动机的基本原理。因为空气受冷受热都做功，所以斯特林发动机的理论效率比内燃机高，而内燃机工作时，高温的尾气中的能量都浪费了。斯特林发动机实际上的效率几乎等于理论最大效率，即卡诺循环效率。已设计制造的热气机有多种结构，可利用各种能源，已在航天、陆上、水上和水下等各个领域进行应用。

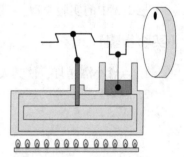

图 2.3-2　斯特林热机模型

【实验步骤】

1. 用手掌或热水杯给斯特林热机底部加热。
2. 观察活塞、连杆、曲轴和飞轮的连接情况，看活塞的直线往复运动是如何转化成飞轮的旋转运动的。

【注意事项】

1. 给斯特林热机底部加热后，如果热机不起动，可以用手拨动一下飞轮。

2. 如果使用热水杯给斯特林热机底部加热，要注意防止烫伤。

实验 2.4　外燃式高温斯特林热机

【实验目的】

了解外燃式斯特林热机的构造和工作原理，促进对卡诺循环和热力学第二定律的理解。

【实验装置】

实验室型外燃式高温斯特林热机如图 2.4-1 所示。

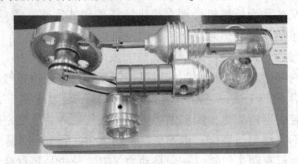

图 2.4-1　外燃式斯特林热机

【实验原理】

见 2.3 中的实验原理。

【实验步骤】

1. 点燃小酒精灯，使其火焰能给热机气缸加热。
2. 观察热机活塞的运动。如果活塞不动，可用手拨动一下。

第 3 章

电　磁　学

本章中的实验 3.1～3.5 是静电系列实验，包括静电跳球、静电乒乓球、静电除尘、静电风滚筒、尖端放电吹烛、富兰克林轮和避雷针工作原理。这些实验所使用的静电电源是范德格拉夫静电起电机，范氏起电机如图 3-1 所示。

这些实验所依据的原理是：

电荷之间存在着相互作用力，同号电荷相互排斥，异号电荷相互吸引。任何电荷都在其周围空间激发电场，电场对处于电场中的电荷有力的作用，这种力就是电场力。

当导体处于静电平衡状态时，导体内部电场强度处处为零，导体所带的电荷只能分布在其表面上，并且导体表面曲率越大的地方，电荷面密度也越大。因此，当一个有尖端的导体带电时，其尖端附近的电荷面密度最大，如图 3-2 所示，而导体表面上各处的电荷面密度与各处表面附近点的电场强度的大小成正比。所以尖端导体带电时，在其尖端附近各点的电场强度最大。当尖端上的电荷过多时，它周围的电场很强，那里空气中散存的带电粒子（如电子或离子）在这强电场的作用下做加速运动时，就可能获得足够大的能量，以致使它们和空气分子碰撞时，能使后者离解成电子或离子。这些新的电子和离子与其他空气分子相碰，又能产生新的带电粒子。这样，就会产生大量的带电粒子。与尖端上电荷异号的带电粒子受尖端电荷的吸引，飞向尖端，使尖端上的电荷被中和掉；与尖端上电荷同号的带电粒子受到排斥而从尖端附近飞开。从外表上看，就好象尖端上的电荷被"喷射"出来放掉一样，故称为**尖端放电**。

在高压设备中，为了防止因尖端放电而引起的危险和漏电造成的损失，输电线的表面应是光滑的。具有高电压的零部件的表面也必须做得十分光滑并尽可能做成球面。与此相反，在很多情况下，人们可利用尖端放电。例如，火花放电设备的电极往往做成尖端形状；避雷针也是利用尖端的缓慢放电而避免"雷击"（雷击实际上是天空中大量电荷急剧中和所产生的恶果）的。

图 3-1　范氏起电机

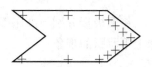

图 3-2　尖端导体上的电荷分布

注意：

1. 因这几个实验都要使用高压静电电源（静电电压高达几万伏!），切记使用前带上绝缘手套，避免被电击。

2. 实验完成以后，切勿直接触摸仪器，要先消除静电（使两极相连进行放电）!

 ## 实验 3.1　静 电 跳 球

【实验目的】

观察同号电荷相斥，异号电荷相吸的实验现象，加深理解库仑定律。

【实验装置】

静电跳球装置如图 3.1-1 所示，两块圆平面金属板分别装在透明塑料圆筒的上、下端，下板的上面有许多金属小球。

图 3.1-1　静电跳球装置

【实验原理】

接通电源使两极板分别带正、负电荷，则小金属球也带有了与下极板同号的电荷。由于同号电荷相斥，异号电荷相吸，小球受下极板的排斥和上极板的吸引，跃向上极板，与之接触后，小球所带的电荷被中和后反而带上了与上极板相同的电荷，于是又被排斥跳向下极板。如此周而复始，小球就在容器内上下跳动。当两极板电荷被中和时，小球随之停止跳动。

【实验步骤】

将两极板分别与高压静电电源的两极相连接，接通高压电源，你就会看到有趣的金属小球上下跳跃的现象。

实验 3.2　静电乒乓球

【实验目的】

观察同号电荷相斥、异号电荷相吸的实验现象，了解电场对电荷的作用。

【实验装置】

如图 3.2-1 所示，两个平行放置的圆金属板，中间用细线挂着一个金属小球。

【实验原理】

接通电源使两极板分别带正、负电荷，这时金属小球两面分别被感应出与邻近极板异号的电荷，感应电荷又反过来使极板上

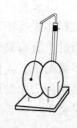

图 3.2-1　静电乒乓球装置

的电荷分布改变，从而使两极板间电场分布发生变化。球与极板相距较近的这一侧空间电场强度较强，因而球受力较大，而另一侧与极板距离较远，空间电场强度较弱，球受力较小，这样，球就摆向距球近的一极板。当球与该极板相接触时，感应电荷被中和反而带上与该极板同号的电荷，于是遵循同号电荷相斥，异号电荷相吸的规律，球在两板间往复摆动，并发出乒乓声。如果将球调整在两极板间的中心处，球两侧所受电场力相等，则球不动。

【实验步骤】

1. 用导线将两极板分别与高压静电电源的两极相连接。
2. 轻微扭转细有机玻璃棒，使悬挂着的小球略偏向一极板。
3. 接通高压电源，小球就在两极板间摆动，来回撞击两极板，并发出悦耳的乒乓声。

实验 3.3　静 电 除 尘

【实验目的】

了解静电除尘的基本原理及其实际应用，将物理理论知识与实践相结合。

【实验装置】

由有机玻璃筒（上面缠绕导线形成电极，筒轴缠绕铜丝，形成另一极）和烟灰收集盒构成，如图 3.3-1 所示。

【实验原理】

当有机玻璃筒内有烟时，接通高压电源，使筒内形成强电场，由于靠近圆筒轴处的电场较强，空气分子在强电场中电离，形成正、负离子。这些离子与烟粒相遇，使烟粒分别带上正、负电荷，它们在电场的作用下，沉积在筒壁和中心铜线上，故使筒顶端的开口停止冒烟。这一静电除尘原理在实际的生产中有所应用。

图 3.3-1　静电除尘装置

【实验步骤】

1. 将有机玻璃筒内、外的铜丝通过接线柱与高压静电电源的两极相连接。
2. 将器皿内的香点燃，然后将器皿放入烟灰收集盒（抽屉）内，可看到浓烟在筒内袅袅上升，自顶端开口逸出。
3. 接通高压电源，烟粒带上电荷后沉积下来，则筒顶端开口处就没有烟冒出了。
4. 关闭电源，熄灭燃香。

实验 3.4　尖端放电吹烛、静电风滚筒和富兰克林轮

【实验目的】

观察实验现象，了解"电风"的形成，熟悉尖端放电原理。

【实验装置】

高压静电电源、尖端放电吹烛实验装置如图 3.4-1 所示，其中包括尖端金属杆、有机玻璃支架、蜡烛。静电滚筒装置如图 3.4-2，富兰克林轮如图 3.4-3 所示。

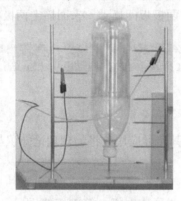
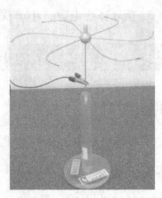

图 3.4-1　尖端放电吹烛装置　　　　图 3.4-2　静电滚筒装置　　　　图 3.4-3　富兰克林轮装置

【实验原理】

当尖端导体带电时，由于尖端处电荷密度最大，所以其附近电场强度最强。在强电场的作用下，使尖端附近的空气中残存的离子发生加速运动，这些被加速的离子与空气分子相碰撞，使空气分子电离，从而产生大量新的离子。与尖端上的电荷异号的离子受到吸引而趋向尖端，最后与尖端上的电荷中和；与尖端上电荷同号的离子受到排斥而飞向远方形成"电风"，这也就是尖端放电。使"电风"吹在蜡烛的火苗上，可以吹歪火焰；吹在质量很轻的滚筒和富兰克林轮的边缘上，足以使它们转动起来，从而表明"电风"的存在。

【实验步骤】

1. 尖端放电吹烛：

（1）点燃蜡烛，置于金属架上；扭动针形导体，使其尖端正对烛焰。

（2）将高压电源的一极接在针形导体上，打开高压电源开关。

（3）观察蜡烛的火焰，可看到烛焰被"电风"吹向一边，甚至被吹灭。

（4）关闭高压开关。

2. 电风滚筒：

（1）将接线柱与静电电源的两极相连。

（2）打开高压电源开关，即可看到滚筒在"电风"作用下转动。

（3）关闭高压开关。

3. 富兰克林轮：

（1）将富兰克林轮的金属立柱与高压电源的任一个电极相连。

（2）打开高压开关，即可看到轮在"电风"反作用下转动起来。

（3）关闭高压开关。

实验 3.5 避雷针的工作原理

【实验目的】

直观观察、了解避雷针的基本原理，以期用于指导生活实践。

【实验装置】

避雷针原理实验装置如图 3.5-1 所示，包含高压静电电源、绝缘支架、两个导体平板、球状铜块、尖端状导体。

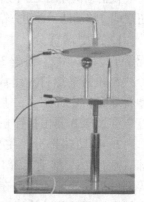

图 3.5-1 避雷针实验装置

【实验原理】

先将一个顶端呈圆球状的导体放在两个圆平板之间，当两个导体圆平板接上高压电源后，板间电压超过 10kV 时，导体球与上板间形成火花放电。放电后，极板间电压消失，又被静电电源充电。上述过程重复出现，在球与上板之间形成断续火花放电，故可以看见跳过的电火花。而用有绝缘柄的电工钳将一个顶端呈圆锥状的铜块放在圆板上时，由于这个铜块的尖端附近形成的强电场使空气分子电离，致使极板经常处于连续的电晕放电状态，即所谓的尖端放电。尖端放电的结果，使极板间的电压不能达到火花放电的数值，因此火花放电停止。避雷针就是利用尖端放电能够避免强烈火花放电的原理制成的。

【实验步骤】

1. 将绝缘支架上的两个金属圆板与高压静电电源的两极相连接。在下板上放一个上部呈球状的铜块，调节板距，使球顶距上板 1cm 左右。

2. 接通高压静电电源，过一会儿，可听见噼啪声，并看到球顶和上板间跳过火花。

3. 用带绝缘柄的电工钳将一个顶端呈圆锥状的铜块放在圆板上，上述火花放电现象立即停止，但可听见丝丝的电晕放电声。

4. 关闭高压静电电源，将连接两极板的导线相互接触来放电。

【注意事项】

实验中要使用高压静电电源，使用前请先带上绝缘手套。实验完成后，切勿直接触摸仪器，要先消除静电（放电）！

实验 3.6 库仑扭秤

【实验目的】

定性和定量演示库仑定律，加深对库仑定律的理解。

【实验装置】

仪器结构如图 3.6-1 所示，仪器主要由扭摆球、移动球、透明方箱三部分组成。

1. 扭摆球部分：主要由带电球 B、配重 1、调零片 2、游丝 3、摆架 4、游丝栓柱 5 和调整螺钉 6 组成。带电球 B 是塑料球壳，表面镀了一层金属薄膜。摆杆 7 穿过球 B 露出指针 8。

2. 移动球部分：主要由带电球 A、球 A 底座 16、移动旋钮 15、测距标尺 14 等部件组成。球 A 固定在底座 16 的绝缘支柱上，通过移动旋钮 15 可以左右移动底座，改变球 A、B 间的距离。

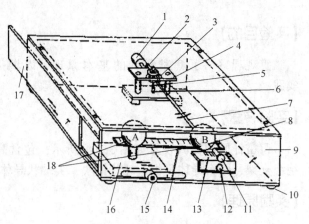

图 3.6-1 库仑扭秤装置

3. 透明方箱部分：透明方箱 9 的左侧有活动拉板 17，便于实验中给球 A、B 带电和进行其他操作。当摆球 B 靠近零点时，旋入止动旋钮 11，使指针 8 插入圆洞，可使摆球止动。微调零旋钮 12 拧在测力标尺 13 上，旋钮松动时可以左右微调移动测力标尺，使零点位置与不带电摆球平衡时指针位置在投影屏幕上重合。10 为透明方箱的底脚。

仪器附件有：有机玻璃棒、丝绸、放电球。

【实验原理】

库仑定律：真空中两个静止点电荷 Q_1、Q_2 之间的相互作用力 $\boldsymbol{F}$ 的大小与它们的电荷量的乘积成正比，与它们之间距离 r 的二次方成反比，力的方向沿着两个点电荷连线的方向。库仑定律的数学表达式为

$$\boldsymbol{F} = k\frac{Q_1 Q_2}{r^2}\boldsymbol{e}_r \qquad (3.6\text{-}1)$$

式中，k 为比例系数；$\boldsymbol{e}_r$ 为两个点电荷连线方向的单位矢量。

根据高斯定理得知，均匀带电球面在面外各点的电场分布与点电荷的电场分布相同，因此，实验中采用球形带电体作为点电荷的近似模型，来演示两个点电荷之间的相互作用力遵从库仑定律。

【实验步骤】

1. 实验准备

（1）投影调焦：把仪器放在投影器上，调节焦距，使测力标尺 13 和测距标尺 14 的刻度

线都能在银幕上清晰可见。

（2）零点微调：将止动旋钮 11 旋出，使旋钮前端与指针 8 相离约 5mm，当发现指针与测力标尺的 0 刻度不重合时，需要零点微调，把微调零旋钮 12 松开，轻轻移动标尺，使指针准确指零之后，再轻轻拧紧旋钮。

（3）干燥处理：该仪器的使用条件为相对湿度 ≤80%。在湿度较大时，需要对仪器进行干燥处理，将拉板 17 拉开，用热风机向箱内吹热风使箱内干燥（如发现箱内的干燥剂发红，需事先将干燥剂烘干，使它变成蓝色），之后关上拉板，再用热风机对有机玻璃棒和丝绸进行干燥。全部干燥处理后立刻进行演示操作。

2. 演示

演示 1　当电荷量一定时，F 与 r 的关系。

（1）将移动旋钮 15 松开，向右推动旋钮，使球 A 与球 B 相靠。

（2）使有机玻璃棒与丝绸摩擦带电。

（3）将拉板拉开，把带电的有机玻璃棒伸入箱内，穿过两球底部，棒的前端微微翘起，当离左侧壁 1~2cm 时，使棒接触两球，向外边拉边转，给球带电，如图 3.6-2 所示。因两球靠在一起，同时带等量电荷。两球带电后，关闭拉板。注意：两球所带电荷量不易过大或过小，大约在 r 为 5~6cm 时，F 为 12~20mm(F)［注：实验中，F 的大小可近似地用指针离开平衡位置的距离来量度，其大小是相对测量量，故可将 1mm 单位长度作为力的单位，写为 mm(F)］为宜。

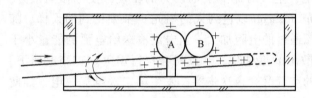

图 3.6-2　两球带电图

（4）成倍数的改变 r，分别测出对应的 F（移动 A 球的快慢适当，使摆球有轻微摆动过程到达新的平衡位置）。实验结果表明，电荷量一定时，F 与 r^{-2} 成反比。

演示 2　当 r 一定时，F 与 Q_1Q_2 的关系。

（1）球 A、球 B 带等量同种电荷，带电方法同前。移动球 A，调节 r 的大小，使 F 为能被 4 整除的一个整数值，如：F 为 12mm(F)、16mm(F)、20mm(F)。F 值确定后，记录下 r 值的大小。

（2）用不带电的放电球接触球 A，球 A 电荷量为 $\frac{1}{2}Q$。移动球 A 底座，使 r 的大小保持不变（恢复到记录 r 值的大小），观测并记录 F_2 的大小。

（3）用手触摸球 A，然后移动球 A 与球 B 相碰，两球各带原来的 1/2 电荷量，使 r 的大小不变，测得 F_3。

从实验中可以看出，当 r 一定时，F 与 Q_1Q_2 成正比。

以上实验可以粗略地验证库仑定律。

【注意事项】

实验完毕后，使两球消电，摆球静止时拧入止动旋钮和拧紧移动旋钮。

实验 3.7 雅格布天梯

【实验目的】

了解雅格布天梯的构造和原理，演示、观察实验现象。

【实验装置】

雅格布天梯实验装置，主要包括一对电极和高压变压器，如图 3.7-1 所示。高压变压器装在下部箱体中。

【实验原理】

雅格布天梯的主体是一对上宽下窄、顶部呈羊角形的电极。在 20~50kV 的高电压下，两根电极之间产生极强的电场，其中两电极最近处的电场最强，此处的空气首先被击穿，形成大量的正负离子而导电，即产生电弧放电，空气对流加上电动力的驱使，使电弧向上升，就像圣经中的雅各布（Yacob 以色列人的祖先）梦中见到的天梯。随着电弧被拉长，电弧通过的电阻加大，当电流输送给电弧的能量小于由弧道向周围空气散出的热量时，电弧就会自行熄灭。在高电压下，两电极间距最小处的空气又会再次击穿，发生第二次电弧放电，如此周而复始。

图 3.7-1 雅格布天梯

【实验步骤】

打开电源开关，红灯亮后，按动操作开关。观察电弧沿羊角形电极向上爬升的现象。

实验 3.8 高压带电作业

【实验目的】

演示高压带电作业，用以说明静电学中电位差和等电位的概念及在工业生产中的应用。

【实验装置】

实验装置如图 3.8-1 所示，其中 1 为静电高压电源，2 为电塔及输电线模型，3 为绝缘凳，4 为铝板，5 为导线挂钩。

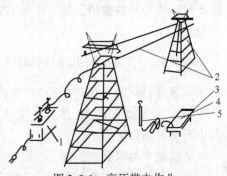

图 3.8-1 高压带电作业

【实验原理】

在静电平衡条件下，导体内部的电场强度处处为零。特别是空腔导体，在空腔所包围的区域内没有电荷的情况下，不仅导体内部，就连空腔所包围的区域内也是电场强度处处为零。因此，空腔导体对于放在它的腔里面的非带电物体有保护作用，可以使物体不受外电场的影响。再进一步，如果将一个空腔导体接地，那么它就可以隔绝放在它的腔内的物体（带电的或不带电的）与腔外的物体（带电的或不带电的）之间的静电相互作用。这种现象称为**静电屏蔽**。实际上，不一定需要严密封闭的空腔导体，用金属丝编织的金属网就能起到相当好的静电屏蔽作用。

金属导体在静电平衡时具有等势性，即整个导体是一个等势体。利用金属导体的等势性，就可以实现在高压输电线上的不停电检修（高压带电作业），只需电工穿上用金属软线编织的特制衣服——金属均压服，并保持与高压线等电势。这样，金属均压服内以及金属均压服上各处电势相等，并且等于高压线的电势，所以人在金属均压服内不会发生触电危险。

【实验步骤】

1. 将高压电塔上的高压输电线与静电高压电源相连接。
2. 打开电源开关。
3. 表演者赤脚**站到**高压**绝缘凳**的铝板上，将与绝缘凳上铝板连接的导线**挂钩挂**在高压输电线上，于是表演者与高压线电位相同，这时表演者可以随意**接触高压线**，进行不停电作业。**注意：**此时表演者与地之间有很大的电位差，**表演者切不可接触与地相连的物体！**
4. 接触高压带电线后，**切不可从凳上直接下来**，**必须先将**连在铝板上的导线**挂钩**从高压线上**摘下**，**然后才能从凳上走下来**。

【注意事项】

此实验中输电线上的电压高达上万伏，为安全起见，实验中必须严格按照实验步骤的顺序进行。

实验 3.9 手触式蓄电池

【实验目的】

了解手触式蓄电池的原理，演示电解质产生电流使电流计指针偏转的现象。

【实验装置】

如图 3.9-1 所示，其中含有电流计、接线柱、右手型铜板、左手型铝板。

图 3.9-1 手触式蓄电池

【实验原理】

当用双手分别按住铝板和铜板时，电流计指针偏转，表明电路中产生了电流。这是因为人手上带有汗液，而汗液是一种电解质，里面含有一定量的正负离子。铝比铜的化学性质活泼，铝板上汗液中的负离子发生化学反应，而把外层电子留在铝板上，使铝板集聚大量负电荷，铜板上集聚大量正电荷。当用导线把铜板和铝板连接起来时，铝板上的电子通过电流计向铜板移动，在导线中有电流通过，故电流计指针偏转。

【实验步骤】

1. 两手分别按住铝板和铜板，此时电流计指针向一侧偏转。
2. 把铝板和铜板与电流计的接线换接，再按步骤 1 操作，此时电流计指针向另一侧偏转。
3. 当两手越湿润时，电流计指针偏转的角度越大。

实验 3.10　电介质对电容的影响

【实验目的】

利用圆形的平行板电容器与一圆形电介质来演示电介质对电容的影响。

【实验装置】

如图 3.10-1 所示，电介质为直径 200mm、厚度为 5mm 的环氧树脂板制成，应属于玻璃类电介质材料。两极板为直径 200mm、厚度 2mm 的铝板，固定在机玻璃支架上，可以在滑动轴上左右移动，当位置固定后，可用固定螺钉拧紧。

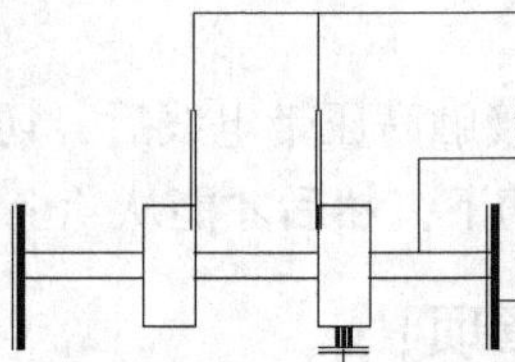

图 3.10-1　圆形平行板电容器

【实验原理】

各种电介质电容器如图 3.10-2 所示。

当一个平行板电容器中间介质为空气时，电容量为 C，如果在两极板之间插入一介电常数为 ε 的电介质，则电容量增大 ε 倍，这是因为电介质插入电场中，由于电介质的极化产生束缚电荷，削弱了原来的电场强度，在电容器极板上电荷量不变的情形下，两极板间电场强度的削弱都会导致电位差的下降，由公式 $C = Q/U$ 可知，U 的减小和 Q 保持不变，引起了 C 的增大。

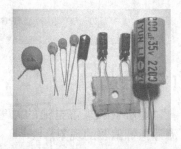

图 3.10-2　各种电介质电容器

【实验步骤】

将电容器的两极板接在验电器上，然后用起电机使两极板带电，这时将看到验电器指针有一定偏转角，验电器指针偏转角的大小反映了电容器两极板间电位差的大小。两极板带电后，拿掉充电的起电机，把用环氧树脂板做成的电介质插入两极板之间，这时，验电器指针偏转角将减小，这说明电容器极板的电位差减小了，由于起电机已拿掉，电容器极板与外界绝缘，极板上的电荷量 Q 保持不变，所以电位差 U 减小，这意味着电容 C 增大，即插入电介质起到了增大电容的作用。

【注意事项】

1. 在用起电机给极板带电后，立即将电介质板插入，以免时间长造成电荷流失。
2. 插入电介质时，请不要碰到极板。

实验 3.11　RC 电路的时间常数

【实验目的】

1. 了解 RC 电路的时间常数。
2. 演示电阻 R 及电容 C 的变化对 RC 电路时间常数的影响。

【实验装置】

实验装置电路如图 3.11-1 所示。

仪器结构及性能：

1～5 号电容器，电容分别为 $10000\mu F$、$3300\mu F$、$1000\mu F$、$470\mu F$、$100\mu F$。

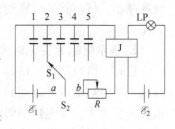

图 3.11-1　RC 电路图

变阻器 R 的阻值为 $(1 \pm 10\%)$ kΩ。

多掷开关 S_1，通过连线插头分别插入不同电容器的插孔来改变接入电路电容的大小。

单刀双向开关 S_2，置 a 处时，给电容器充电；置 b 处时，通过继电器 K，变阻器 R 给电容器放电。

继电器 K 为直流 6V，继电器线圈电压超过 6V 时，则吸合，右端回路接通，灯泡发光，若 RC 时间常数大，则灯泡的发光时间长，反之则短。灯泡发光时间长短直接反映了 RC 电路时间常数的大小。

$\mathscr{E}_1$ 为 15V 直流电源，$\mathscr{E}_2$ 为 6V 直流电源。

【实验原理】

在带电电容器的放电过程中，电容器正极板上的电荷量 q 随时间 t 的增加而减少，与之相应，电容器中的电场随之减弱。因电路中没有电源（见图 3.11-2），所以在 dt 时间内，电容器释放的电场能全部消耗在电阻上，即

$$-\frac{q\mathrm{d}q}{C} = i^2 R\mathrm{d}t$$

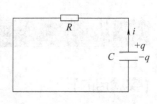

图 3.11-2　电容放电图

放电电流 $i = -\dfrac{\mathrm{d}q}{\mathrm{d}t}$，代入上式得到 $\dfrac{q}{C} = iR$ 即 $\dfrac{\mathrm{d}q}{\mathrm{d}t} + \dfrac{1}{RC}q = 0$，解此微分方程，并将初始条件（当 $t = 0$ 时，$q = q_{max}$）代入，得

$$q = q_{max}\mathrm{e}^{-\frac{t}{RC}} \quad \text{或} \quad i = \frac{q_{max}}{RC}\mathrm{e}^{-\frac{t}{RC}} = i_{max}\mathrm{e}^{-\frac{t}{RC}}$$

由此可知，在电容器放电过程中，极板上的电荷量 q 与电路中的电流 i 都从各自的最大值按指数规律衰减到零。式中的乘积 RC 具有时间的量纲，称为这个电路的时间常数。放电的快慢由时间常数决定。对于一定的电容器，C 值确定，则电阻 R 越大，时间常数越大，放电时间越长。对于一定的电阻 R，则 C 值越大，时间常数越大，放电时间越长。

【实验步骤】

先接通 220V 交流电源，经变压器降压，整流滤波后，变为 15V、6V 直流电压（变压器已配）。

1. 演示电容 C 变化时的时间常数

先将 R 旋至最小，以保证继电器吸合，然后将 S_2 置于 a 处充电（由于充电也需时间，则应保持一段时间，尤其对大电容）。当充电完成后，将 S_2 置于 b 处进行放电，观察灯泡发光的时间长短。通过 S_1 的换接，分别对各个电容器重复上述步骤，则可以非常直观地看出：电容越小，灯泡发光时间越短，电容越大，灯泡发光时间越长，这直接反映出时间常数的大小。

2. 演示电阻 R 变化时的时间常数

选定一个电容器，最好是 1 号电容器（10000μF），改变电阻 R 的大小，对电容器充、放电，观察灯泡发光时间的长短。可以发现，电阻越大，发光时间越长。但当电阻过大时，电阻分压过大，继电器则间断，继电器刚刚吸合，则放电完毕，灯泡不发光（选电容小的，由于充电量小，放电时间短，继电器刚刚吸合，则放电完毕，观察不到灯泡发光）。

注意：在放电开始前先将电位器 R 旋至最小，当灯泡发光后再逐渐增大 R 以增大时间常数。

【注意事项】

1. 本实验电源为 220V 市电（即实验板后的电源变压器一次侧），请注意安全，防止触电。

2. 对电容器充、放电应有一定时间，以免充、放电不完全，特别是实验完成后，应对电容器进行充分放电。

实验 3.12 压电效应

【实验目的】

演示压电晶体在压缩力作用下，在两面能够产生电位差，即机械振动通过压电晶体转换为电振动（电信号）；在晶体两面加上一定的电位差时，晶体线度会发生一定的变化，产生

机械振动，即压电效应。

【实验装置】

主要由压电效应演示仪（扩音机）、压电陶瓷和低频信号发生器组成。

【实验原理】

电介质在电场中可以极化，某些电介质通过形变也可以产生极化。只通过外力作用发生形变而能产生电极化现象的电介质称为压电晶体。常见的石英晶片和多种压电陶瓷都是压电晶体。

当外力加于晶体上时，晶体发生形变，导致在受力的两个晶面上出现等量异号的电荷。压力产生的极化电荷与拉力产生的极化电荷的方向相反。极化电荷的多少与外力引起的形变程度有关。在没有电场作用时，仅由于形变而使晶体的电极化状态发生改变的现象，称为压电效应。压电效应产生的原因是，在外力作用的方向上，由于晶体发生形变，造成晶格间距的变化，使得晶粒的正负电荷中心发生分离，从而产生极化现象。

压电陶瓷片是由锆钛酸铅（PZT）材料做成的，它具有明显的压电效应，在 1kg 的压缩力下，两面能够产生百分之几伏的电位差。此电位差可从扩音机扬声器中传出的音频信号宏观地表现出来。

【实验步骤】

1. 演示压电效应

将压电陶瓷连接线的接头插入演示仪的输入端，接通电源，如用手轻轻敲打压电片，可听到扬声器传出咔咔的声音，如将压电片贴在手表（最好是机械表）的玻璃表面上，可从扬声器中听到放大了的手表的嘀嗒声。这是由于压电片在压缩力的作用下，其两端产生电压，经扩音机放大后从扬声器中传出，从而验证了压电陶瓷具有压电效应。

2. 演示逆压电效应

将低频信号发生器（输出阻抗为 5kΩ）与压电陶瓷片的两根引线相连接。接通低频信号发生器的电源，适当调节信号发生器的幅度（约 40V），压电片会发生振动（如将压电片贴在音叉上，音叉会发生机械振动），从而使电振动转化为机械振动。这个实验说明，压电陶瓷元件具有逆压电效应，即压电陶瓷的两个极由于施加了电信号，会使其发生低频的机械振动。

【知识拓展】

压电晶体及其应用

电介质在电场中可以极化，某些电介质通过形变也可以产生极化。只通过外力作用发生形变而能产生电极化现象的电介质称为压电晶体。

压电晶体具有以下效应：

（1）压电效应：当外力加于晶体上时，晶体发生形变，导致在受力的两个晶面上出现等量异号的电荷。压力产生的极化电荷与拉力产生的极化电荷的方向相反。极化电荷的多少与外力引起的形变程度有关。在没有电场作用时，仅由于形变而使晶体的电极化状态发生改变的现象，称为压电效应。

（2）电致伸缩效应：压电晶体在电场力的作用下发生形变的现象，称为电致伸缩效应。它是压电效应的逆效应。其产生的原因是，压电晶体中的晶格在电场力的作用产生较强的内应力而导致变形。压电晶体在交变电场的作用下，其内应力和形变都会发生周期性的变化，从而产生机械振动。

（3）热电效应：某些压电晶体通过温度的变化可以改变极化状态，从而在某些相对应的表面上产生极化电荷，这种现象称为热释电效应。反之，这种晶体在外电场作用下，其温度会发生显著变化，这种现象称为电生热效应。热释电效应的发生源于晶体的各向异性，是由于晶体在不同方向上的线膨胀系数不同而引起的。

由于压电晶体具有以上的特殊功能，因而在现代科技中有着广泛的应用，诸如压电晶体振荡器、压电电声换能器、压电变压器、压电传感器等。现举例说明如下：

（1）石英晶体振荡器：它是压电晶体振荡器中的一种，由于制造容易，性能稳定，精度高，体积小，是目前应用最多的一种压电振荡器。

石英晶体振荡器由信号源和石英晶体组成，如图3.12-1所示。其中石英晶体是将晶体按一定方向切成薄片，并在晶片的两面镀上金属（如银、铜等）作为电极构成的。石英晶体振荡器的振荡原理是压电效应和电致伸缩效应的总效果。压电效应和电致伸缩是互为因果关系的。在晶体上加上电压使之产生形变，而形变又在晶体上产生电荷，通过静电感应则在外电路形成电流。若加的是交变电场，则引起的形变是交变的，交变的形变所形成的电荷和电流也是交变的，最后由于晶片自身的机械限制而稳定在某一幅度上。在此过程中，晶片是在交变电信号的频率等于晶片的固有频率时，就出现共振现象。这时晶体的振荡最强，产生的电荷也最多，形成的电流也最大，这种现象称为晶体的压电谐振荡。

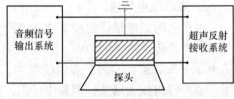

图3.12-1　石英晶体振荡器

（2）B超仪：B超检查用的是超声波。B超仪中的探头是用压电晶体制成的，既是超声波波源，又是超声波反射接受器。超声波传到体内软组织的不同部位，由于吸收的情况不同，反射的强度和时间都会有差异。通过复杂、精密的接收系统，可以把差异转化为荧光屏上清晰可见的软组织图像。

实验 3.13　磁　　力

【实验目的】

演示磁极同性相斥，异性相吸的作用规律。

【实验装置】

磁力演示仪结构示意图如图3.13-1所示，其中，1为磁力演示仪底座；2为可移动的手柄，移动此手柄，带动线绳，可使大磁棒沿竖直方向上、下移动；3为可向下移动的大磁棒；4 为盛有水的圆柱形水槽；5 为漂浮在水面上开有圆孔的塑料半球壳，每个壳内各竖直放置一个永磁棒，且六个磁棒的上部（或下部）极性相同。

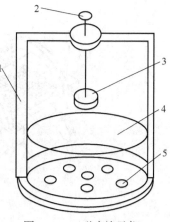

【实验原理】

自然界中存在着两种磁极——北（N）极和南（S）极，并且这两种磁极永远是同时存在，同时消失。同种磁极相互排斥，异种磁极相互吸引。本实验演示了这一现象：在水槽上方悬吊的大磁棒，其磁场比塑料半球壳内的小磁棒的磁场强很多，且大磁棒下端的极性和塑料壳内小磁棒上端的极性相反，当它从上方下降接近小塑料球壳时，它对几个塑料球壳内小磁棒的吸引力大于小磁棒之间的排斥力，于是这几个

图 3.13-1　磁力演示仪

塑料半球壳就在大磁棒的引力作用下聚拢到大磁棒的垂直下方的水面中心处。当用手柄拉动大磁棒垂直上升时，它对几个塑料球半壳内小磁棒的吸引力小于小磁棒之间的排斥力，于是这几个塑料半球壳就四散远离水面中心处。

【实验步骤】

1. 用手移动手柄使大磁棒升起，此时水槽中的六个小塑料球壳在相互排斥的磁力作用下沿水面相互远离。

2. 再移动手柄使大磁棒下降，此时水槽中六个小塑料球在大磁棒的磁场引力作用下聚拢到大磁棒周围。

3. 重复上述动作，小塑料球重复离开和聚拢。

实验 3.14　亥姆霍兹线圈

【实验目的】

1. 观察亥姆霍兹线圈中间磁场的均匀性，验证磁场叠加原理。
2. 了解一种得到均匀磁场的实验室方法。

【实验装置】

亥姆霍兹线圈实验仪如图 3.14-1 所示，其结构示意图如图 3.14-2 所示，其中 1 为磁场指示，2 为电流表指示，3 为直流电流源，4 为电流调节旋钮，5 为调零旋钮，6 为传感器插头，7 为固定架，8 为霍耳传感器，9 为实验平台，10 为线圈，11 为电源开关，12 为电源指示灯。

注：A、B、C、D 为接线柱。

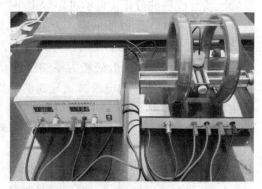

图 3.14-1　亥姆霍兹线圈实验仪

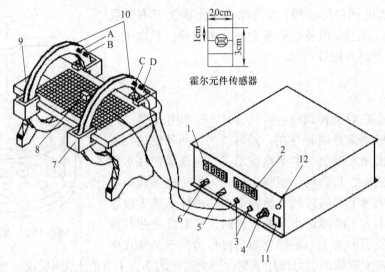

图 3.14-2　亥姆霍兹线圈实验装置结构示意图

【实验原理】

亥姆霍兹线圈是由两个相同的线圈同轴放置，其中心间距等于线圈的半径。将两个线圈通以同向电流时，磁场叠加增强，并在两线圈中心连线附近区域形成近似均匀的磁场；通以反向电流时，则叠加使磁场减弱，以至于出现磁场为零的区域。

当给霍尔元件通以恒定电流时，它在磁场中会感应出霍尔电压，霍尔电压的高低与霍尔元件所在处的磁感应强度成正比，因而可以用霍尔元件测量磁场。本实验中电子屏显示的就是放大后霍尔电压的数值，它的变化规律与所在处磁场的变化规律一致。

【实验步骤】

1. 打开数码显示屏后面板的开关，先对 LED 显示屏调零。

2. 打开稳压电源（已调好），同方向闭合两电键（使两线圈通以相同方向的电流），转动小手柄，使位于线圈轴线上的霍尔元件由导轨的一端缓慢移向另一端，观察两同向载流圆线圈磁场合成后的分布（显示屏示数由小变大，中间一段基本不变，最后又由大变小）。

3. 改变其中一个线圈的电流方向，重复 2 的操作，观察两反向载流圆线圈磁场合成后的分布（显示屏示数由小变大，由大变小，又由小变大，由大变小）。把霍尔元件移动到两个线圈的中部，可找到合磁场为零的位置。

4. 断开一个线圈的电流，重复 3 的操作，观察一个载流圆线圈磁场的分布（显示屏示数由小变大，又由大变小）。

5. 实验结束，打开电键，关闭显示屏和线圈电源。

【注意事项】

1. 在线圈没有接通时，将显示器调零。

2. 转动手柄时需缓慢。

3. 线圈通电电流不能过大，时间不能太长，以免烧毁线圈。

4. 线圈通电时，不要触及电键，以确保安全。

实验 3.15 地磁场水平分量的测量

【实验目的】

1. 学习测量地磁场水平分量的方法。
2. 了解正切电流计的原理。
3. 学习分析系统误差的方法。

【实验装置】

亥姆霍兹线圈、罗盘、直流稳压电源、电阻箱、直流电流表、换向开关，水准器。实验装置如图 3.15-1 所示。

图 3.15-1 地磁场水平分量测量仪

【实验原理】

1. 地磁场

地球是一个巨大的磁体，地球本身及其周围空间存在磁场，称为"地球磁场"，又称地磁场，其主要部分是一个偶极子轴线与地球表面的两个交点，称为地磁极。地磁的南（北）极实际上是地心磁偶极子的北（南）极，如图 3.15-2 所示。地心磁偶极子的磁轴 $N_m S_m$ 与地球的旋转轴 NS 斜交一个角度 θ_0，$\theta_0 = 11.5°$。因此，地磁极与地理极相近但不相同，地球磁场的强度和方向随地点、时间而发生变化。

地球表面任何一点地磁场的磁

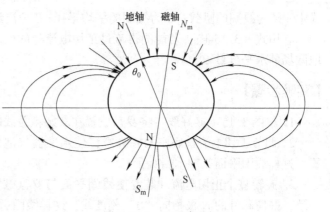

图 3.15-2 地磁南北极

感应强度矢量 **B** 具有一定的大小和方向，如图 3.15-3 所示，O 点表示测量点，x 轴指向北，即为地理子午线（经线）的方向；y 轴指向东，即为地理纬线方向；z 轴垂直于地平面而指向地下，xOy 代表地平面。**B** 在 xOy 平面上的投影 **B**$_{/\!/}$ 称为水平分量，水平分量所指的方向就是磁针北极所指的方向，即磁子午线的方向；水平分量偏离地理真北极的角度 D 称为磁偏角，也就是磁子午线与地理子午线的夹角。由地理子午线起算，磁偏角东偏为正，西偏为负。**B** 偏离水平面的角度 I 称为磁倾角。在北半球的大部分地区磁针的 N 极下倾，而在南半球，则磁针的 N 极向上仰，规定 N 极下倾为正，上仰为负。确定某一点的地磁场通常用磁偏角、磁倾角和水平分量 **B**$_{/\!/}$ 三个独立要素。

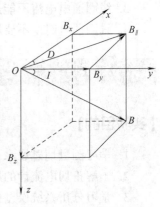

图 3.15-3　地磁的方向

2. 利用正切电流计原理测定地磁场的水平分量 B$_{/\!/}$

利用亥姆霍兹线圈制成一台正切电流计。

亥姆霍兹线圈是一对相同的圆形线圈，彼此平行而且共轴，两线圈平行放置，绕行方向一致，相互串联，其两线圈中心的间距等于其中一个线圈的半径。当线圈中通有电流时，在亥姆霍兹线圈中心点附近较大范围内磁场是均匀的。亥姆霍兹线圈在低磁场情况下既为磁化线圈，产生给定的磁场，又为弱磁场的计量基准。在较大的空间范围内，由空间场的不均匀性引起的误差是很小的。在亥姆霍兹线圈公共轴线的中点处，水平放置一罗盘，即构成了正切电流计，如图 3.15-4 所示。

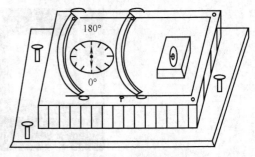

图 3.15-4　正切电流计

理论分析可知，流过电流计的电流 I 与磁针偏转角 θ 的正切成正比，因此这种电流计称为正切电流计。对于同一个测量地点和给定的正切电流计均为不变值，比例系数为一常量，由此可得该地点的地磁场水平分量 **B**$_{/\!/}$ 为

$$B_{/\!/} = \frac{8\mu_0 NI}{5^{3/2}\overline{R}\tan\theta} \tag{3.15-1}$$

式中，N 为线圈的匝数；$\overline{R}$ 为线圈的平均半径；I 为流经线圈的电流。

利用式（3.15-1），若能测得流过正切电流计的电流 I 与罗盘指针的偏转角 θ，即可测得地磁场的水平分量 **B**$_{/\!/}$ 值。

【实验步骤】

1. 按图 3.15-1 接好线，将罗盘放置在亥姆霍兹线圈中心位置，构成一台正切电流计。

2. 调节正切电流计底座的底脚螺钉使水准器气泡调至中间位置，即使罗盘位于水平位置，这样线圈平面就基本铅直了。

3. 旋转整个正切电流计装置使线圈平面与罗盘磁针平行，即使线圈平面与地磁子午面一致，并使磁针的 N 极指向 "0" 刻度线，这样线圈通电后由线圈产生的磁场与地磁水平分量 **B**$_{/\!/}$ 相互垂直。

4. 改变通入正切电流计的电流值，从罗盘上可以测得一系列的偏转角 θ。经过数据处理即可求得地磁场水平分量，或用最小二乘法，设 $x = \text{tg}\theta$，$y = I$，求其相关系数、回归常数 a 和回归系数 b，然后求得地磁水平分量 $\boldsymbol{B}_{/\!/}$。

实验 3.16 洛伦兹力及电子阴极射线

【实验目的】

1. 观察电子在电磁场中的运动轨迹，加深理解洛伦兹力。
2. 定量测量电子的荷质比 (e/m)。

【实验装置】

洛伦兹力演示仪由洛伦兹力管、励磁线圈、控制及电源组合、暗箱四部分组成，如图 3.16-1 所示，下部是电源控制箱，上部是亥姆霍兹线圈和威尔尼特电子管。

【实验原理】

洛伦兹力管又称为威尔尼特电子管，该管是一个直径为 160mm 的大玻璃泡，泡内抽真空后，充入一定压强的混合惰性气体。玻璃泡内装一个特殊结构的电子枪，由热阴极、调制板、锥形加速极板组成，还有一对偏转板。当电子枪各电极加入适当工作电压后，便发射出一束电子束。具有一定能量的电子与惰性气体分子碰撞，使惰性气体发光，就能在电子所经过的路径上看到光迹。

图 3.16-1 洛伦兹力演示仪

在仪器控制及电源组合机箱上，固定有一对励磁线圈。励磁线圈又称亥姆霍兹线圈，这是一对直径为 280mm、每只为 140 匝的环形线圈，同轴平行放置，间距为 140mm。两只线圈串联连接。当线圈通上电流后，在两只线圈间轴线中点附近可得到匀强磁场。

在励磁线圈正中，装上洛伦兹力管。接通励磁线圈电源后，洛伦兹力管内的电子束在线圈产生的匀强磁场中受到洛伦兹力的作用，其矢量表达式为

$$\boldsymbol{F} = e\boldsymbol{v} \times \boldsymbol{B} \tag{3.16-1}$$

式中，$\boldsymbol{F}$ 为电子受到的洛伦兹力；$\boldsymbol{v}$ 为电子束运动的速度；$\boldsymbol{B}$ 为磁感应强度；e 为电子电荷。

设电子运动方向与磁场方向之间的夹角为 α，转动洛伦兹力管，当电子运动方向与磁场方向一致即 $\alpha = 0$ 或相反即 $\alpha = 180°$ 时，电子不受洛伦兹力作用，电子束轨迹为直线。当电子运动方向与磁场方向垂直时，电子受到一个始终垂直于运动方向、大小为 $F = evB$ 洛伦兹力的作用。由于电子运动速度 v 是恒定的，匀强磁场中 B 也是恒定的，于是力也是恒定的，这个恒定的力对于运动着的电子起向心力的作用，电子的运动成为匀速圆周运动，其径迹如图 3.16-2 所

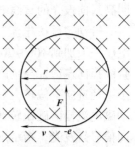

图 3.16-2 电子运动方向与磁场方向垂直的轨迹

示。励磁电流越大，磁场强度越强，作用力越大，圆的直径越小。当电子的运动方向与磁场方向为任意角度时，可将电子运动方向分解为平行于磁场和垂直于磁场两个分量。平行于磁场分量不受力的作用，仍做直线运动，垂直于磁场分量受到洛伦兹力的作用，做圆周运动，因此，电子运动的合成径迹是沿磁场方向前进的螺旋线。

洛伦兹力管中还装有一对偏转板。断开励磁线圈电源，在偏转板上加电压，可以观察电子在电场作用下的偏转运动。

当上偏转板加正电压时，电子受电场力作用，运动径迹向上偏转；当下偏转板加正电压时，电子运动径迹向下偏转。偏转角与偏转板上所加电压成正比，与电子运动速度二次方成反比。也就是说，与加速极板电压成反比。

电子枪发射出的电子在亥姆霍兹线圈产生的均匀磁场中运动，当 $v /\!/ B$ 时，电子沿磁场方向做匀速直线运动；当 $v \perp B$ 时，电子在垂直于磁场方向的平面内做匀速圆周运动。当电子做匀速圆周运动时，

$evB = m \dfrac{v^2}{r}$，又 $\dfrac{1}{2}mv^2 = eU$，所以 $\dfrac{e}{m} = \dfrac{2U}{r^2 B^2}$（$U$ 为电子的加速电压，r 为电子匀速圆周运动的半径）。

在本仪器中，由亥姆霍兹线圈产生的均匀磁场的磁感应强度为

$$B = 9.0 \times 10^{-7} \frac{NI}{R} = 9.0 \times 10^{-4} I(\text{T}) \qquad (3.16\text{-}2)$$

式中，I 为励磁电流，单位为 A。则电子的荷质比为

$$\frac{e}{m} = 2.47 \times 10^6 \frac{U}{r^2 I^2}(\text{C/kg}) \qquad (3.16\text{-}3)$$

由此可见，通过测量威尔尼特管的加速电压、亥姆霍兹线圈的电流及电子运动轨迹半径，即可算出电子的荷质比。

【实验步骤】

1. 将仪器面板上所有旋钮逆时针旋到底，然后打开电源开关，预热 5min。

2. 观察电子束在匀强磁场中的运动径迹。

（1）观察电子束在磁场中的偏转

按下电表下方琴键开关"加速"，缓慢转动"加速电压"旋钮，调节加速极电压。当电压超过 150V 时，电子枪锥形加速极顶端小孔处就有一束电子射出。这时，可看到一束细而明亮射向玻壳的直线电子射线光束。

转动"励磁电流"旋钮，随着励磁电流的增大，电子束的直线轨迹开始偏转。加速极电压一般加到 100 ~ 200V 之间即可。转动洛伦兹力管，使角度指示为 90°，此时电子束径迹直线指向左边，与励磁线圈轴线垂直。将励磁电流方向开关扳到"逆时"位置，可看到电子束径迹向下偏转。顺时针转动励磁电流幅值旋钮加大励磁电流，可看到偏转角度增大。将励磁电流幅值旋钮转到最小电流位置，励磁方向开关扳向"顺时"位置，线圈上顺时针指向信号灯发光，指示出励磁线圈已加上顺时针方向电流，所产生的磁场方向变化 180°，于是可看到电子束径迹向上偏转。

（2）观察电子束在匀强磁场中做圆周运动

用手转动威尔尼特管（大玻璃泡），以改变电子速度方向与磁场方向的夹角，观察各种交角下的电子运动轨迹。

将励磁电流幅值旋钮顺时转动，逐渐加大励磁电流，可看到电子束径迹形成一个圆。电子束做圆周运动的直径正比于电子运动的速度 v，反比于磁感应强度 B。因此，在加速极板电压不变时，当加大励磁电流时，B 加大，可看到电子束径迹圆直径减小。在励磁电流不变时，当加大加速极电压，电子运动的速度加大，可看到电子束径迹圆直径减小。在励磁电流不变时，当加大加速极电压时，电子运动的速度加大，可看到电子束径迹圆直径加大。

（3）观察电子束在三维空间的运动径迹

顺时针转动洛伦兹力管，使角度指示为 180°电子束方向和磁场方向平行，此时电子不受磁场力作用，可看到电子束径迹为一直线。当转动角度指示为 130°～150°时，即电子束方向与磁场方向成交角时，看到电子束径迹呈螺旋线。

3. 观察电子束在电场作用下的运动轨迹。

将励磁电流幅值旋钮逆时针转到最小值，励磁电流方向开头扳到"断路"位置，励磁线圈上的信号灯熄灭，表示励磁线圈没有通电流，不产生磁场。转动洛伦兹力管，使角度指示为 90°，即电子束指向左边垂直线圈轴线。将偏转板电压方向开关扳到"上正"位置，洛伦兹力管内上偏转板加上正电压，下偏转板接地，于是可看到电子束径迹向上偏转。在顺时针转动偏转板、电压不变情况下，加大加速极电压，可看到电子束上偏转角度减小。如将偏转板电压方向旋钮扳到"下正"位置，洛伦兹力管内下偏转板上加上正电压，上偏转板接地，则可看到电子束径迹向下偏转。

4. 实验结束后，将各旋钮逆时针旋到底，关闭电源开关。

【注意事项】

1. 因威尔尼特电子管寿命较短，不进行实验时应关掉加速电压或整机，以延长使用寿命。

2. 当观察电子的螺旋线轨迹时，励磁电流可在短时间内超过 2A，可观察到较多的螺旋线圈数。

3. 当观察电子在电场作用下的运动轨迹时，偏转电压应缓慢调节，否则，由于长期使用，电容放电会损坏电位器炭膜。

实验 3.17　电子束的电偏转与磁偏转

【实验目的】

1. 掌握电子束在外加电场和磁场作用下偏转的原理和方式。
2. 了解阴极射线管的构造与作用。

【实验装置】

电子束实验仪、0～30V 可调直流电源、数字式万用表。

【实验原理】

1. 电偏转原理

电子束电偏转原理如图 3.17-1 所示。通常在示波管的偏转板上加偏转电压 U，当加速后的电子以速度 v 沿 x 方向进入偏转板后，受到偏转电场 E（沿 y 轴方向）的作用，使电子的运动轨迹发生偏转。假定偏转电场在偏转板的 l 范围内是均匀的，电子将做抛物线运动。在偏转板外，电场为零，电子不受力，做匀速直线运动。荧光屏上电子束的偏转距离 D 可以表示为

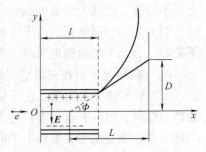

$$D = k_e U/U_A \qquad (3.17\text{-}1)$$

式中，U 为偏转电压；U_A 为加速电压；k_e 是一个与示波管结构有关的常数，称为电偏常数。为了反映电偏转的灵敏程度，定义

图 3.17-1　电子束电偏转

$$\delta_{电} = D/U = k_e/U_A \qquad (3.17\text{-}2)$$

$\delta_{电}$ 称为电偏转灵敏度，单位为 mm/V。$\delta_{电}$ 越大，电偏转的灵敏度越高。

2. 磁偏转原理

电子束磁偏转原理如图 3.17-2 所示。通常在示波管瓶颈的两侧加上一均匀横向磁场，假定磁场在 l 范围内是均匀的，在其他范围都为零。当加速后的电子以速度 v 沿 x 方向垂直射入磁场时，将受到洛伦兹力作用，在均匀磁场 B 内做匀速圆周运动。电子穿出磁场后，则做匀速直线运动，最后打在荧光屏上，磁偏转的距离可以表示为

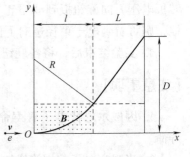

$$D = k_m I/\sqrt{U_A} \qquad (3.17\text{-}3)$$

式中，I 是偏转线圈的励磁电流，单位为 A；k_m 是一个与示波管结构有关的常数，称为磁偏常数。为了反映磁偏转的灵敏程度，定义

图 3.17-2　电子束磁偏转

$$\delta_{磁} = D/I = k_m/\sqrt{U_A} \qquad (3.17\text{-}4)$$

$\delta_{磁}$ 称为磁偏转灵敏度，单位为 mm/A。$\delta_{磁}$ 越大，表示磁偏转系统灵敏度越高。

3. 截止栅偏压原理

示波管的电子束流通常是通过调节负栅压 U_{GK} 来控制的，调节 U_{GK} 可调节荧光屏上光点的辉度。U_{GK} 是一个负电压，负栅压越大，电子束电流越小，光点的辉度越暗。使电子束流截止的负栅压称为截止栅偏压。

【实验步骤】

1. 准备工作

（1）用专用电缆线连接实验箱和示波管支架上的插座。

（2）将实验箱面板上的"电聚焦/磁聚焦"选择开关置于"电聚焦"。

（3）将与第一阳极对应的钮子开关置于上方，其余的旋钮开关均置于下方。

（4）将"励磁电流调节"旋钮旋至最小位置。

（5）开启电源开关，调节"阳极电压调节"电位器，使"阳极电压"数显表指示为800V，适当调节"辉度调节"电位器，此时示波器上出现光斑，然后调节"电聚焦调节"电位器，使光斑聚焦。

2. 电偏转

（1）令"阳极电压"指示为800V，在光点聚焦的状态下，将H_1、H_2对应的旋钮开关置于上方，此时荧光屏上会出现一条短的水平亮线，这是因为水平偏转极板上感应有50Hz交流电压之故。将水平偏转极板H_1和H_2接通直流偏转电压，调节该电压的值观察光点位置的偏移量。

（2）将H_1、H_2对应的旋钮开关置于下方，将U_1、U_2对应的旋钮开关置于上方。此时荧光屏上也会出现一条短的垂直亮线。这也是因为垂直偏转极板上感应有50Hz交流电压之故。在U_1、U_2两端依次不同值的直流偏转电压，观察光点位置的垂直偏移量。

3. 磁偏转

（1）准备工作与"电偏转灵敏度的测定"完全相同。令"阳极电压"指示为800V，在光点处于聚焦的状态下，接通亥姆霍兹线圈的励磁电压，调节其值观察荧光屏上光点的偏移量。

（2）调节"阳极电压调节"电位器，使阳极电压分别为1000V、1200V，重复实验步骤（1）。

【注意事项】

1. 本仪器内示波管电路和励磁电路均存在高压，在仪器插上电源线后，切勿触及印制板、示波器管座、励磁线圈的金属部分，以免电击危险。

2. 实验前应先阅读电子束实验仪使用说明书。

实验 3.18 电子束的电聚焦与磁聚焦

【实验目的】

掌握带电粒子在电场和磁场中的运动规律。学习电聚焦和磁聚焦的基本原理和实验方法。

【实验装置】

电子束实验仪、米尺、游标卡尺。

【实验原理】

1. 电聚焦原理

电子束电聚焦原理如图 3.18-1 所示，在示波管中，阴极 K 经灯丝 F 加热发射电子，电子束通过栅极 G 的空隙，由于栅极电位与第一阳极 A_1 电位不等，在它们之间的空间便产生电场，这个电场的曲度像一面透镜，它使由阴极表面不同点发出的电子在栅极前方汇聚，形成一个电子聚焦点。由第一阳极 A_1 和第二阳极 A_2 组成的电聚焦系统，就把上述聚焦点成像在示波管的荧光屏上。由于该系统与凸透镜对光的会聚作用相似，所以通常称之为电子透镜。

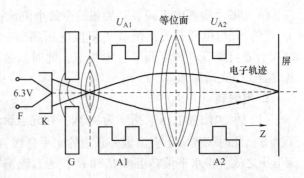

图 3.18-1　电子束电聚焦原理

电子束通过电子透镜能否聚焦在荧光屏上，与第一阳极电压 U_{A1} 和第二阳极电压 U_{A2} 的单值无关，仅取决于它们之间的比值。改变第一阳极和第二阳极的电位差，相当于改变电子透镜的焦距，选择合适的 U_{A1} 与 U_{A2} 的比值，就可以使电子束的成像点落在示波管的荧光屏上。

在实际示波管内，由于第二阳极的特殊结构，使之对电子直接起加速作用，所以称之为加速极。第一阳极主要是用来改变 U_{A1} 与 U_{A2} 的比值，便于聚焦，故又称为聚焦极。改变 U_{A2} 也能改变比值 U_{A1}/U_{A2}，所以第二阳极又能起辅助聚焦作用。

2. 磁聚焦原理

设一速度为 v 的电子，在一磁感应强度为 $\boldsymbol{B}$ 的均匀磁场中运动，电子将受到洛伦兹力的作用。将 v 分解成与 $\boldsymbol{B}$ 平行的分量 v_p 和与 $\boldsymbol{B}$ 垂直的分量 v_h，电子沿着 $\boldsymbol{B}$ 的方向运动时不受力，故电子在平行于 $\boldsymbol{B}$ 的方向上的运动是匀速直线运动。在垂直于 $\boldsymbol{B}$ 的方向上，电子所受洛伦兹力的大小为

$$F = ev_h B \tag{3.18-1}$$

$\boldsymbol{F}$ 的方向与 v_h 垂直，故该力只改变电子运动的方向，不改变电子速度的大小，结果使电子在垂直于 $\boldsymbol{B}$ 的平面内做匀速圆周运动。根据牛顿第二定律可知

$$F = ev_h B = \frac{mv_h^2}{R} \tag{3.18-2}$$

式中，m 为电子的质量；R 为电子做圆周运动时的轨道半径（回旋半径），由式（3.18-2）可得

$$R = \frac{mv_h}{eB} \tag{3.18-3}$$

电子旋转一周所需的时间（回旋周期）为

$$T = \frac{2\pi R}{v_h} = \frac{2\pi m}{eB} \tag{3.18-4}$$

式（3.18-4）表明，回旋周期与电子的运动速度和回旋半径无关。

在垂直于 $\boldsymbol{B}$ 的平面内电子的运动轨迹如图 3.18-2 所示。

综上所述，电子以任意速度 v、在磁感应强度为 $\boldsymbol{B}$ 的均匀磁场中运动时，运动轨迹为螺旋线。电子回旋一周时，在平行于 $\boldsymbol{B}$ 的方向上前进的距离称为螺距，用 h 表示，则

$$h = v_p T = 2\pi \frac{mv_p}{eB} \tag{3.18-5}$$

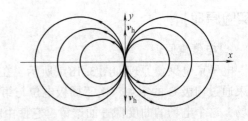

图 3.18-2　在垂直于 B 的平面内电子的运动轨迹

螺距 h 与 v_h 无关。由此可知，如果从均

匀磁场中的某点发出一束电子，电子速度的分量 v_h 不同，v_p 相同，则各个电子做螺旋运动的回旋半径不同，而回旋周期相同，螺距相同，因此经过 T 时间后，电子束中的所有电子又都同时会聚到同一点。这种现象称为磁聚焦。电子束磁聚焦的原理如图 3.18-3 所示。

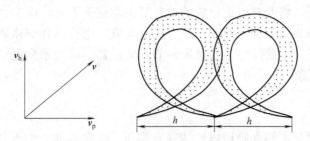

图 3.18-3　电子束在聚焦磁场中的螺旋轨迹

在电子束实验仪中，示波管的轴线方向有一均匀分布的磁场，在阴极 K 和阳极 A_2 之间加上一定的电压 U，将会使阴极发射的电子加速，设阴极发射出来的电子在脱离阴极时，沿磁场方向的运动初速度为零，经阴极 K 与阳极之间的电场加速后，速度为 v_p，由能量守恒定律可知，电子动能的增量等于电场力对它所做的功，即

$$\frac{1}{2}mv_p^2 = eU \tag{3.18-6}$$

只要加速电压 U 是确定的，电子沿磁场方向的速度分量 v_p 就是确定的，将式（3.18-6）代入式（3.18-5）中，则

$$h = \frac{2\pi m}{eB}\sqrt{\frac{2eU}{m}} \tag{3.18-7}$$

从式（3.18-7）可以看出，h 是 B 和 U 的函数，调节 B 和 U 的大小，可以使电子束在磁场方向上的任意位置聚焦。当 h 刚好等于示波管的阳极到荧光屏之间的距离 d 时，可以看到电子束在荧光屏上聚成一小亮点（电子已聚焦），当 B 值增加到 2~3 倍时，会使 $h = d/2$ 或 $h = d/3$，相应地可在荧光屏上看到第二次聚焦、第三次聚焦。当 h 不等于这些值时，只能看到圈套的光斑，电子束不会聚焦。将式（3.18-7）适当变换，可得出

$$\frac{e}{m} = \frac{8\pi^2 U}{h^2 B^2} \tag{3.18-8}$$

U、B 均可通过测量得出，代入式（3.18-8）即可求得电子荷质比，式中 B 是螺线管中部磁场的平均值，可通过测量励磁电流 I 计算出来，对于有限长的螺线管，B 的值为

$$B = 4\pi \times 10^{-7} n_0 I \frac{L}{\sqrt{L^2 + D^2}} \tag{3.18-9}$$

式中，D 为螺线管直径；L 为螺线管长度；n_0 为螺线管单位长度的匝数；I 为螺线管流过的直流电流。由式（3.18-8）和式（3.18-9），可得

$$\frac{e}{m} = \frac{U}{2h^2 n_0^2 I^2}\left(\frac{L^2 + D^2}{L^2}\right) \times 10^{14}\,(\text{C/kg}) \tag{3.18-10}$$

【实验步骤】

（1）用专用电缆线连接实验仪示波管支架上的两个插座。

（2）将实验箱面板上的"电聚焦/磁聚焦"选择开关置于"电聚焦"或"磁聚焦"。

（3）当电聚焦时，将聚焦极对应的旋钮开关置于上方，其他的电极对应的开关均置于下方。调节"阳极电压"在 800～1200V 之间，并使光点聚焦。

（4）当磁聚焦时，将所有电极对应的旋钮开关均置于下方。调节"阳极电压"电位器使"阳极电压"数显表指示为 1000V，调"辉度调节"电位器使辉度适当，此时可观察到荧光屏上的矩形光斑。缓缓调节"磁聚焦调节"调压器，可观察到电子束在纵向磁场的作用下旋转式聚焦的现象。

【注意事项】

1. 本仪器内示波管电路和励磁电路均存在高压，在仪器插上电源线后，切勿触及印制板、示波器管座、励磁线圈的金属部分，以免电击危险。

2. 实验前必须先阅读电子束实验仪使用说明书。

3. 当励磁电流较大时，应避免长时间施加励磁电流。

4. 示波管亮度调节应适中，以免影响荧光屏的使用寿命。

【知识拓展】

电子束实验仪简介

电子束实验仪主要由两大部分组成，一部分是螺线管及在螺线管内放置的示波管，螺线管通电流后给示波管加纵向磁场，另外在示波管两边加一对洛伦兹线圈产生一横向磁场，用于使电子束产生横向偏转；另一部分是控制电源箱，用于给示波管各极加适当电压。下面分别对各部分加以简要说明。

1. 示波管

示波管各电极结构与分布如图 3.18-4 所示。各部件的作用如下：

灯丝 F：用于加热阴极。6.3V 电压。阴极 K：筒外涂有稀土金属，被加热后能向外发射自由电子，也可称为发射极。栅极 G：施加适当电压（通常加负压）可控制电子束电流，称为控制栅，栅负压通常在 −35 ～ −45V 之间。

第二阳极 A_2：圆筒结构，施加的电压形成一纵向高压电场，使电子加速向荧光屏运动，可称为加速极，加速电压通常为 1000V 以上。

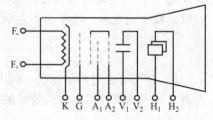

图 3.18-4　示波管各电极结构与分布

第一阳极 A_1：为一圆盘结构，介于第二阳极的圆筒和圆盘之间，其作用相当于电子透镜，施加适当电压能使电子束恰好在荧光屏上聚焦，因此也称为聚焦极，通常加数百伏正向电压。

垂直偏转极板：V_1 和 V_2 为处于示波管中、上下放置的两块金属板，在极板上施加适当电压后构成垂直方向的横向电场。

水平偏转极板：H_1 和 H_2 为处于示波管中、前后放置的两块金属板，在极板上施加适当电压后构成水平方向的横向电场。

2. 控制电源箱

仪器适用 50Hz，（～220±10%）V 市电供电，变压器二次绕组 T_3 输出约 600V 电压，经倍压整流滤波后，能输出 ≥1400V 的直流电源，经分压后提供给示波器的各电极所需电压。K_1 为低压补偿开关，当市电交流电压 ≤200V 时可短接 R_9，以提升阳极电压。D_{18} 为隔离二极管。电路中 1V 数显表用作励磁电流指示，100mV 数显表用作阳极电压指示。各自配备完全独立的 +5V 直流电源。

实验 3.19 温差电磁铁

【实验目的】

通过温差电流的磁效应来演示温差电现象。

【实验装置】

温差电磁铁演示仪，如图 3.19-1 所示。

【实验原理】

本实验装置的主要部分是一个温差电磁铁，其中温差热电偶是由铜和康铜两种材料制成，如图 3.19-2 所示。为了在一定温差下能得到较大的温差电流，温差热电偶中的两种材料都做得比较粗。而康铜的电阻率较大，因此康铜部分的截面积更大些，也更短些。铜和康铜两接头处分别焊接导热铜片，一个可插入水杯中作为冷源，另一个用酒精灯火上加热作为热源。温差热电偶套在电磁铁的铁心上，虽然温差热电偶的电势差并不大，但只要导线足够粗，就能产生很大的电流，这个电流可使电磁铁产生较大的吸力，可吸引质量为 1kg 以上的砝码。

图 3.19-1 温差电磁铁演示装置

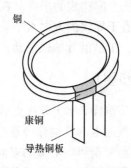

铜

康铜

导热铜板

图 3.19-2 温差热电偶

【实验步骤】

1. 先将电磁铁装在支架上，然后将电磁铁的一个导热铜板插入冷水中，同时用酒精灯加热另一个导热铜板，约 3min 后，衔铁即可被吸住。

2. 待衔铁被吸牢后，在衔铁下逐步挂上 1kg 的砝码，衔铁不致被拉脱。

3. 演示完毕，先取下砝码，再断开热源。因热电偶两端的温差不会很快趋于零，故产生的磁力也不会很快消失。待热端稍冷却，要主动先将衔铁拿下，以免其突然掉下。

【注意事项】

1. 注意保持衔铁与铁心接触面的光洁，防止衔铁未被吸牢而落下。

2. 对使用酒精灯明火的，要注意火烛安全。

3. 实验步骤 3 要严格执行，防止衔铁突然落下而损坏仪器或伤人。

实验 3.20 安 培 力

【实验目的】

观察载流直导体在磁场中受力而运动的现象，验证安培力的方向与电流和磁场的方向三者之间的关系。

【实验仪器】

图 3.20-1 所示为安培力的演示装置，其中 1 为马蹄形永磁铁，它是由高强度钕铁硼材料制成；2 是将马蹄形电磁铁固定在竖直支柱上的顶丝；3 是带动马蹄形永磁铁沿水平方向左右移动的滑块；4 是双道滑轨；5 是载流直导体；6 是导轨，用来支承载流直导体受力移动；7 是通电接线柱；8 是底座。

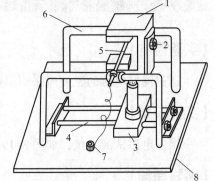

图 3.20-1　安培力的演示装置

【实验原理】

载有电流的导线在磁场中所受的磁场力称为**安培力**。根据安培定律，电流元 $I\mathrm{d}l$ 在磁感应强度为 B 的磁场中所受的安培力为 $\mathrm{d}F = I\mathrm{d}l \times B$。可见，安培力的方向总是垂直于电流方向和磁场方向构成的平面。在本实验中，由马蹄形永磁铁产生的磁场沿竖直方向，而导体铜棒沿垂直于导轨的方向水平放置，所以当铜棒中通有电流时，铜棒就会受到沿着导轨方向的安培力，于是沿着导轨滑动。磁场方向不变，当电流方向改变时，安培力的方向随之改变。

【实验步骤】

1. 将铜棒 5 水平放在支承导轨 6 上，并调节其水平位置，使其在马蹄形磁铁的磁场中间。
2. 接通电源使铜棒中通有电流，并注意观察载流铜棒在导轨上滑动的方向。
3. 改变铜棒中电流的方向，此时，铜棒将在导轨上沿相反方向滑动。
4. 利用滑块 3 移动马蹄形磁铁，使磁场相对铜棒移动，可观察到铜棒也跟着一起运动。

【注意事项】

1. 电路中电阻非常小，因而接通直流电源的时间要短，否则，电流过大会烧坏电源。
2. 导轨上不要有灰尘，以使铜棒在导轨上移动时无阻力。

实验 3.21 巴 比 轮

【实验目的】

观察载流导体在磁场中受力（或力矩）而运动。

【实验装置】

巴比轮演示仪如图 3.21-1 所示，直流电源工作电流为 7A 左右。

图 3.21-1　巴比轮演示仪

【实验原理】

巴比轮演示仪由转轮和蹄形磁铁两部分组成，蹄形磁铁由两块永磁体吸在一个铁框上而构成。两个接线柱分别与转轮中心及边缘的弹片相连，当这两个接线柱与直流电源输出对应连接时，转轮中心至弹片部分就成了载流导体。载流导体在磁场中受力，但由于一端固定而失去了平衡，因而受到一力矩作用而转动。如连续输入直流电压，轮就会不停地转动。改变磁场或电流的方向，转轮可做反向转动。

【实验步骤】

用连接线将巴比轮与直流电源对应相连。

接通电源（220V，50Hz），打开电源开关，按下输出按钮，可见转轮转动起来（注：由于弹片与转轮接触不好，会出现打火，属正常现象）。

改变磁场方向，转轮将反向转动。改变电流方向，转轮也将反向转动。

实验 3.22　楞 次 定 律

【实验目的】

通过对比，便捷和效果明显地演示电磁感应现象，加深对楞次定律的理解。

【实验装置】

楞次定律演示仪如图 3.22-1 所示。本装置共由三部分组成：

1. 为了进行比较而采用的铝管，是由 A、B、C 三根各长 1m、截面皆为 25mm × 20mm 的方形铝管构成，其中铝管 B 的四个侧面交错开有长 200mm 的细缝，在三根管的最下端正侧面开有高 100mm、宽 25mm 的长方形孔。

2. 磁铁与铝块：用钕铁硼材料制成的两块 22mm × 22mm × 28mm 长方体磁铁 E 和相同大小的铝块 F。

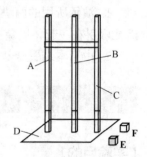

图 3.22-1　楞次定律
演示装置

3. 底座 D。

【实验原理】

当穿过导体回路所围面积的磁通量发生变化时，就在导体中产生电动势。这种现象称为电磁感应现象，所产生的电动势称为感应电动势。

法拉第电磁感应定律指出，感应电动势的大小与穿过导体回路所围面积的磁通量对时间的变化率成正比。

楞次定律指出，感应电流产生的磁场总是反抗引起感应电流的磁通量的变化。或者说，感应电流的效果总是反抗引起感应电流的原因。这里所说的"效果"，既可以理解为感应电流所激发的磁场，也可以理解为因感应电流出现而引起的机械作用。这里所说的"原因"，既可以指磁通量的变化，也可指引起磁通量变化的相对运动或回路的形变。根据楞次定律，可以比较简便地确定感应电流及感应电动势的方向。

在本实验中，当磁铁块和铝块在同样的铝管中同时下落时，下落速度不同，这是因为在磁铁块下落的过程中，引起穿过铝管横截面积的磁通量增加，在铝管管壁上产生沿横向流动的感应电流，根据楞次定律可知，感应电流的效果是反抗引起感应电流的原因——磁铁块下落运动，因此感应电流产生的磁场阻碍磁铁块的下落，使其速度减慢。铝块在铝管中下落的过程中，管壁上没有感应电流产生，所以不受电磁阻尼的作用，而以重力加速度 g（管壁的摩擦力和空气阻力很小，可忽略）匀加速下落，其下落速度比磁铁块的下落速度快。

【实验步骤】

1. 左手持磁铁块 E，右手持铝块 F，分别从 A、C 两铝管的上端口同时释放。从 A、C 两铝管下端开口处接到磁铁块和铝块，即可以比较二者下落的快慢。

2. 两手持相同的磁铁块分别从 A、B 两铝管的上端口同时释放，A 管中的磁铁块如同 1 中所述的情况一样，缓慢下落。铝管 B 中的磁铁块在开有缝隙的铝管 B 的内部下落的过程中，由于管中产生的电流很小，磁铁块受到的电磁阻力也小，快速地、先于 A 管中的磁铁块下落到下端口。

【注意事项】

1. 演示所用的两块磁铁为钕铁硼（NdFeB）材料制成，磁性很强，**切勿将两块磁铁靠近或吸引在一起**，以免撞碎磁铁或夹坏手。

2. 由于本装置全部采用铝合金结构，切勿磕碰，以防止结构变形。

实验 3.23　涡流的热效应

【实验目的】

了解涡流是怎样产生的以及有什么效应和用途。

【实验装置】

涡流热效演示仪如图 3.23-1 所示，其中 1 为"口"字形铁心；2 为初级线圈；3 为铝锅（单匝环形次级线圈）；4 为铝锅手柄；5 为初级线圈开关；6 为交流电源开关；7 为支架螺钉。另备放入铝锅内的石腊。

【实验原理】

在许多电磁设备中常常有大块的金属存在（如发电机和变压器中的铁心），当这些金属块处在变化的磁场中或相对于磁场运动时，在它们的内部也会产生感应电流。例如，在圆柱形的铁心上绕有线圈，当线圈中通有交变电流时，

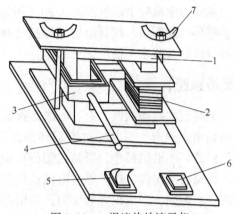

图 3.23-1 涡流热效演示仪

铁心就处在交变磁场中。铁心可看作是由一系列半径逐渐变化的圆柱状薄壳组成，每层薄壳自成一个闭合回路，在交变磁场中，通过这些薄壳的磁通量都在不断地变化，所以沿着一层层的壳壁产生感应电流。从铁心的上端俯视，电流的流线呈闭合的涡旋状，因而把这种感应电流称为**涡电流**，简称为**涡流**。由于大块金属的电阻很小，所以涡流可以非常大。

当强大的涡流在金属内流动时，会释放出大量的焦耳热，工业上利用这种涡流的热效应制成高频感应电炉来冶炼金属。高频感应电炉的结构通常是在坩埚的外缘绕上线圈，当线圈中通有高频交变电流时，会在线圈中激发很强的高频磁场，这时，放在坩埚内的被冶炼的金属因电磁感应而产生涡流，释放出大量的焦耳热，结果使自身熔化。

本实验装置就是一个缩微的高频感应电炉。将 220V、50Hz 的交流电压接入初级线圈，在初级线圈中产生很大的励磁电流，在"口"字形铁心中产生高磁感应通量，该交变磁通量穿过水平放置的单匝环形次级线圈（即铝锅），在次级线圈中产生互感电动势，由于铝锅电阻很小，所以产生很大的涡流，足以在短时间内使铝锅内的石腊熔化。

现在生活中使用的电磁炉也是利用涡流的热效应来加热食品的。

【实验步骤】

1. 将少量的石蜡磨成粉末放入铝锅中。
2. 按下交流电源开关和初级线圈开关，在几分钟内，铝锅内的石蜡熔化。

【注意事项】

1. 电路中电阻非常小，因而输出开关只能短时间合上，否则电流太大会烧坏线圈。
2. 通电后，铝锅非常热，小心烫伤。

实验 3.24 涡流的力学效应

【实验目的】

通过演示、观察涡流的力学效应，加深理解楞次定律。

【实验装置】

涡流力学效应演示仪如图 3.24-1 所示，其主要部分是线圈、跳环和变压器。仪器结构实际是将两个如中间部分的常用的跳圈结合起来，使之交替工作。

【实验原理】

铝环套在线圈的铁心上。当线圈接通电源的瞬间，铁心中磁场由无到有，引起穿过铝圆环截面的磁通量急剧变化。由于铝圆环的电阻很小，于是在铝圆环中产生很大的感应电流，根据楞次定律，这一感应电流产生的磁场与线圈的磁场反向，一瞬间，产生很大的斥力，使铝圆环跳离。另一线圈的同样作用，又使铝圆环跳离返回。

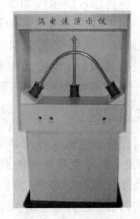

图 3.24-1　涡流力学效应演示仪

【实验步骤】

1. 按下仪器中央跳圈的电源按钮，观察铝圆环的跳跃情况。
2. 按下另一电源按钮，观察铝圆环在仪器两侧的线圈之间来回跳跃的情况。

实验 3.25　阻尼摆与非阻尼摆

【实验目的】

演示涡电流的电磁阻尼作用。

【实验装置】

阻尼摆与非阻尼摆演示仪的结构如图 3.25-1 所示，其中，1 为直流电源接线柱；2 为矩形磁轭，当线圈中通有直流电源时，可在磁轭两极缝隙中间产生很强的磁场；3 为支撑架；4 为摆架；5 为非阻尼摆；6 为横梁；7 为阻尼摆；8 为线圈；9 为底座。

【实验原理】

涡电流除了热效应外，它所产生的机械效应在实际中也有很广泛的应用，可用作电磁阻尼。如本实验装置那样，将铜（或铝）片悬挂在电磁铁的两极之间，形成一个摆。在电磁铁线圈未通电时，铜片可以自由摆动，摆动起来后，要经过较长时间才会停下来。而当电磁铁被通电，产生

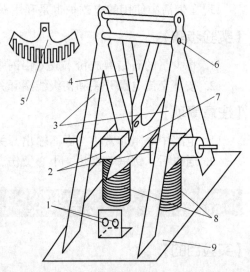

图 3.25-1　阻尼摆与非阻尼摆演示仪

磁场后，由于穿过导体的磁通量发生变化，铜片内产生感应电流。根据楞次定律，感应电流的效果总是反抗引起感应电流的原因，因此，铜片的摆动因受到感应电流产生的磁力的阻碍而迅速停止。在许多电磁仪表中，为了使测量时指针的摆动能够迅速稳定下来，都采用了类似的电磁阻尼。电气火车中所用的电磁制动器也是根据同样的道理制成的。

【实验步骤】

1. 先不通励磁电流，使非阻尼摆做自由摆动，可观察到经过相当长的时间摆动才停止下来。

2. 接通 28V 的励磁电流，此时在磁轭两极间产生很强的磁场。当阻尼摆在电磁铁两极间前后摆动时，阻尼摆迅速停止下来，显示出很强的电磁阻尼。

3. 用带有间隙的、类似梳子的摆代替阻尼摆做上述实验，可以观察到梳状摆的摆动经过较长的时间才停止下来，这是因为在梳状摆上有许多隔槽，使得摆片内的涡流大为减小，从而阻尼作用并不明显。

实验 3.26 电 磁 驱 动

【实验目的】

利用电磁驱动演示仪演示涡流的机械效应，即电磁驱动。观察导体圆板在旋转磁场中的运动。

【实验装置】

电磁驱动演示仪的结构如图 3.26-1 所示，其中 1 是由钕铁硼材料制成的两块永磁体，它固定在长方形铁板上；2 是固定在 L 形铁架板上的电动机；3 是可绕水平轴在竖直平面上转动的铝圆盘；4 是固定 1、2、3 的托板。

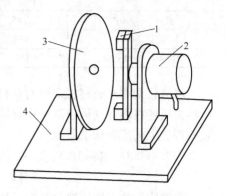

图 3.26-1 电磁驱动演示仪

【实验原理】

涡电流的电磁阻尼作用是一种阻碍相对运动的作用。如本实验装置图所示，如果使一个金属圆盘紧靠磁铁的两极而不接触，当使磁铁旋转时，在圆盘中产生的涡流反抗引起涡流的相对运动，即阻碍磁铁与圆盘的相对运动，因而使圆盘跟随磁铁旋转起来。在这里，涡流的机械效应表现为电磁驱动。电磁驱动作用可用来制成磁性式转速表测量转速。

【实验步骤】

接通电源，电动机开始旋转，电动机 2 带动永磁体 1 绕水平轴旋转，继之在竖直平面内产生旋转磁场，由于涡流的电磁驱动作用，圆盘也跟着旋转起来。两者转动的方向相同，但铝盘旋转的速度始终小于永磁体（亦即磁场）的转速。

【相关链接】

钕铁硼永磁材料是一种磁性能优异的稀土永磁材料，被称为第三代稀土磁体（第一代稀土磁体为 1—5 型 $SmCo_5$ 磁体，第二代为 2—17 型 Sm_2（Co、Fe、Cu、Zr）$_{17}$ 磁体）。迄今为止，钕铁硼永磁材料仍以其他材料不可比拟的永磁性能位居永磁材料应用发展的首位，广泛应用于电子、电力、机械、医疗器械等领域。最常见的有永磁电机、扬声器、磁选机、计算机磁盘驱动器、磁共振成像设备、仪表等。

钕铁硼永磁材料的品种按制造方法的不同，可分为烧结永磁体和超急冷永磁体，前者多为块状体，主要满足高矫顽力、高磁能级的要求，后者用作粘结永磁体，主要用于电子、电气设备小型化应用领域；按磁极化强度矫顽力大小分为低矫顽力 N、中等矫顽力 M、高矫顽力 H、特高矫顽力 SH、超高矫顽力 UH、极高矫顽力 EH 六类产品。

钕铁硼永磁材料是以金属间化合物 $RE_2Fe_{14}B$ 为基础的永磁材料，主要成分为稀土（RE）、铁（Fe）、硼（B），其中稀土主要为金属钕（Nd），为了获得不同性能，可用部分镝（Dy）、镨（Pr）等其他稀土金属替代。铁也可被钴（Co）、铝（Al）等其他金属部分替代。硼的含量较小，但却对形成四方晶体结构金属间化合物起着重要作用，使得化合物具有高饱和磁化强度、高的单轴各向异性和高的居里温度。

钕铁硼永磁材料主要物理、机械性能的典型值如下：

性　能	指　标	性　能	指　标
密度/（g/cm³）	7.45	抗压强度/（N/mm²）	780
硬度（HV）	570	热膨胀系数（垂直于取向方向）/K⁻¹	-4.8×10^{-6}
电阻率/（μΩ·cm）	150	热膨胀系数（平行于取向方向）/K⁻¹	-3.6×10^{-6}

烧结钕铁硼永磁材料采用的是粉末冶金工艺，熔炼后的合金制成粉末并在磁场中压制成压坯，压坯在惰性气体或真空中烧结达到致密化。为了提高磁体的矫顽力，通常需要进行时效处理。工艺流程如下所示：

$$RE，Fe，B\text{-}Fe \text{ 等} \longrightarrow 熔炼 \longrightarrow 制粉 \longrightarrow 磁场中成型 \longrightarrow 烧结 \longrightarrow$$
$$时效 \longrightarrow 加工 \longrightarrow 检测 \longrightarrow 成品$$

急冷薄带法不能制造磁各向异性的薄带，只能制成各向同性磁石。为了提高这种各向同性急冷薄带的性能，通过添加 Zr、Si、Al、V 等，制成几十纳米的微晶。

实验 3.27　巴克豪森效应

【实验目的】

倾听铁磁性物质跃变磁化时发出的声音，了解巴克豪森效应，验证磁畴理论。用不同材料的试样做实验，通过对比，加深对磁介质的认识。

【实验装置】

巴克豪森效应演示仪如图 3.27-1 所示。仪器的组成部分为：放大器、实验线圈、样

品（玻莫合金片、硅钢片、铜片和铝片）、条形永久
磁铁。

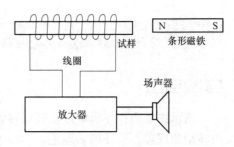

图 3.27-1 巴克豪森效应演示仪

【实验原理】

在考虑物质与磁场的相互影响、相互作用时，把物质统称为磁介质。磁介质有三种：顺磁质，抗磁质和铁磁质。顺磁质和抗磁质对磁场的影响很小，一般技术中常不予以考虑。铁磁质对磁场的影响很大，属强磁性物质，在电工技术中有着广泛的应用。

根据磁畴理论，在铁磁体内存在着无数个线度约为 10^{-4}m 的小区域，这些小区域称为磁畴。在每个磁畴中，所有原子的磁矩全都向着同一个方向排列起来。在未磁化的铁磁质中，各磁畴的磁矩的取向是无规则的，因而整个铁磁质在宏观上没有明显的磁性。当把铁磁质放入外磁场中并使外磁场的磁感应强度逐渐增大时，在铁磁质的磁化过程中，其内部磁矩方向与外磁场方向相近的磁畴的区域逐渐扩大，而方向相反的磁畴区域逐渐减小（畴壁位移）。当外磁场的强度达到一定程度时，每个磁畴的自发磁化方向将作为一个整体，在不同程度上转向外磁场方向；当所有磁畴都沿外磁场方向排列时，铁磁质的磁化就达到了饱和。

铁磁质最显著的磁化发生在磁化曲线最陡的区域，此时磁化过程是不连续的，而是以跃变的形式进行，这种现象就是跃变磁化。矩形磁滞回线的铁磁性材料跃变现象最为明显。跃变磁化现象也称为巴克豪森效应。本实验演示巴克豪森效应，可以验证磁畴理论。

【实验步骤】

1. 接通放大器电源开关。

2. 在线圈中不插入任何试样。将永久磁铁沿着线圈轴线由远而近缓缓地靠近线圈，此时喇叭无声音。

3. 将玻莫合金片（是矩形磁滞回线铁磁材料）插入线圈中，再将条形永久磁铁的 N 极对着线圈，并沿着线圈的轴线由远而近地移向线圈。此时玻莫合金片被磁化，当跃变磁化发生时，在线圈中感应出相应的不连续电流，经过放大，能在喇叭中发出沙沙的响声。如果永久磁铁移动得很慢，喇叭发出卜卜的响声。当永久磁铁不动时，响声立刻停止，继续往前移动，喇叭也发出响声，但比磁化时要小。保持磁极方向不变，再次将永久磁铁移近线圈，玻莫合金片再次被磁化，所不同之处是响声比第一次磁化时小（这是由于在不可逆过程中还存在着可逆过程。如果是良好的矩形磁滞回线材料，则没有这种现象）。

4. 将条形永久磁铁的方向转过 180°（即将 S 极对着线圈），沿着轴线由远而近将玻莫合金片磁化，此时磁畴全部倒向，喇叭发出更大的响声。

5. 将玻莫合金片取出，插入硅钢片，重复上述磁化过程。喇叭响声较小，而且磁化与退磁过程响声差别不大，因为硅钢片不是矩形磁滞回线的铁磁材料。

6. 取出硅钢片，插入铜片或铝片试样。由于非铁磁性材料没有磁畴结构，当重复上述磁化过程时，喇叭没有响声。

实验 3.28　铁磁材料的居里点

【实验目的】

演示铁磁质存在居里点。利用转轮边缘的铁磁材料在温度超过居里点时，因失去铁磁性而转动的现象，验证磁畴理论。

【实验装置】

如图 3.28-1 所示，实验装置由马蹄形电磁铁和转轮两部分组成。转轮边缘是铁磁材料的金属丝，铁磁合金的居里点随着成分或成分比例的不同而不同。本实验装置中备有居里点较高的铁丝转轮和居里点较低的铁合金丝转轮。

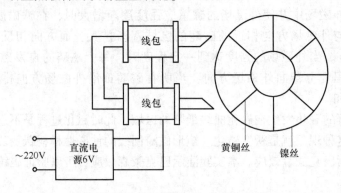

图 3.28-1　铁磁材料居里点实验装置

【实验原理】

当铁磁物质被加热到一定温度时，如图 3.28-2 所示，由于铁磁物质体内分子运动的加剧，磁畴被瓦解，物质的铁磁性立即消失，转变为顺磁性物质。这个重要的临界温度称为居里点（纯铁的居里点大约是 767℃，镍的是 358℃，钴的是 1105℃）。当温度低于居里点时，铁磁性又立刻恢复。本实验就是用来演示这一物理现象的。将转轮 2 置于支撑杆 3 的尖端上，当转轮边缘的铁磁材料金属丝靠近马蹄形电磁铁 1 时，因磁化而被吸引。这时将靠近磁铁那部分金属丝加热，当温度达到居里点时，这部分金属丝的铁磁性消失，因而转轮在磁场中受力就失去了平衡，于是受到力矩作用而转动。若连续加温，则转轮不停地转动。改变受到加热的金属丝的位置，可使转轮反方向转动。

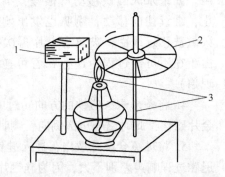

图 3.28-2　铁磁物质加热图

【实验步骤】

1. 接通 220V 交流电源，使马蹄形电磁铁产生磁场。

2. 将居里点较低的铁合金丝转轮安放于支撑轴尖上，并使之靠近马蹄形电磁铁，离磁极约 1.5cm。此时转轮并不转动。

3. 点燃酒精灯，加上灯罩，放在转轮下面（见图 3.28-2），使靠近电磁铁的那部分合金丝被加热，当温度达到居里点时，转轮就会转动起来。若连续加温，则转轮不停地转动。

4. 将酒精灯移去，转轮逐渐停止转动。待完全停止转动后，将加热部位的位置改变，例如由图 3.28-3a 所示的位置变为图 3.28-3b 所示的位置，则转轮将反向转动。

5. 换用铁丝转轮做实验，注意应使转轮更靠近磁极，由于铁丝的居里点较高，转轮转速很慢。

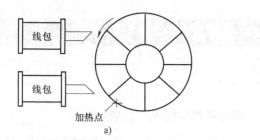
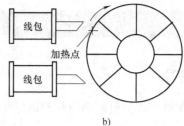

图 3.28-3　铁磁物质加热位置图

【注意事项】

实验中要注意避免风吹。

实验 3.29　电 磁 炮

【实验目的】

通过实验了解铁磁材料的磁化现象和磁场的相互作用原理。

【实验装置】

包括电磁炮主体炮身，如图 3.29-1 所示，还有带支架的目标靶板和电源控制箱。

【实验原理】

在磁场中的铁磁材料受磁场的激励，会迅速磁化成为顺磁性的强磁体，如果用通电线圈（加速线圈）产生磁场作为炮筒，再用铁材料做成"炮弹"，当线圈通入交变电流时，产生的交变磁场就会在炮弹线圈中产生感应电流，感应电流的磁场与加速线圈电流的磁场互相作用，产生磁场力，使炮弹迅速地从炮筒中飞出。

图 3.29-1　电磁炮

【实验步骤】

把炮弹放在炮筒给定的位置上，炮筒口对着空旷的地方，按下开关启动电磁炮，炮弹就会从炮筒中飞出。

【注意事项】

实验时要把炮口对着空旷的地方，严禁炮口指向人体或其他易损物品，以防击伤或造成损失。

实验 3.30 轻功漫步

【实验目的】

通过观看、体验电磁感应现象的应用，理解掌握法拉第电磁感应定律。

【实验装置】

轻功漫步演示装置由绝缘踏板、栏杆、灯泡等组成，如图 3.30-1 所示。

【实验原理】

轻功漫步演示仪展示了法拉第电磁感应的原理。当您沿着踏板向前走，踏板下线圈和磁铁间的相对运动会使线圈切割磁力线，从而产生感应电流，经放大和转换就可使灯泡发亮。以亮灯的多少来表现发出电流的大小：脚步轻，亮起的灯就少；脚步重，亮起的灯就多。大家赶快来体验一下这种感觉吧！

图 3.30-1 轻功漫步演示装置

【实验步骤】

1. 连接电源，打开电源开关。
2. 沿着踏板向前走，脚步的轻重决定了灯亮的数量。

【注意事项】

不要过分用力踩踏板，避免损坏仪器。

实验 3.31 三相旋转磁场

【实验目的】

观察三相交流电产生的旋转磁场带动电动机转子的旋转，了解三相交流电动机的工作原理。

【实验仪器】

大型三相旋转磁场演示实验装置如图 3.31-1 所示。

【实验原理】

三相交流电通过三相绕组来产生旋转磁场，三相绕组由三个嵌在电动机定子铁心上的线圈组成，在其下面是一个三相交流电动机的定子，定子有三个线圈绕组，接通电源后，在绕组中有对称的三相电流流过（"对称"是指各相电流的幅值相等，相位差为 120°），这三个相位不同的变化电流在定子中心产生的磁场如图 3.31-2 所示，有下列关系：

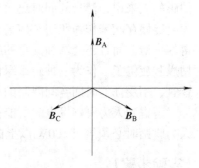

图 3.31-1　三相旋转磁场演示装置

$$B_A = B_m \sin\omega t(0 + j)$$

$$B_B = B_m \sin(\omega t - 120°)(i\cos30° - j\sin30°)$$

$$B_C = B_m \sin(\omega t - 240°)(-i\cos30° - j\sin30°)$$

则合成的磁场为三者的矢量和，即

$$B = B_A + B_B + B_C = 3B_m(-i\cos\omega t + j\sin\omega t)/2$$

在直角坐标系中，B 的方向为 $-\tan\omega t$。可见 B 是一个旋转的磁场，它以角速度 ω 在平面内旋转，即合成了一个旋转磁场，以三相交流电频率 ω 旋转。金属球在旋转磁场中发生电磁感应，产生涡流。

图 3.31-2　磁场的各向量

【实验步骤】

1. 打开电源开关，给三对线圈通以 380V 交流电。
2. 先将一个钢球放入磁场中心，观察其转动情况。
3. 放入另一个钢球，观察两个钢球转动和相互作用的情况。
4. 实验结束，定时器将自动关闭电源。

【注意事项】

一些易受磁场作用的物品（如机械手表）要远离仪器。

实验 3.32　脚踏发电机

【实验目的】

通过脚踏、眼观来感受和了解机械能、电磁能之间的相互转化。

【实验装置】

脚踏发电机由脚踏车（内置发电机组和变压整流设备）、彩色摄象头和液晶显示器组成，如图 3.32-1 所示。

图 3.32-1　脚踏发电机

【实验原理】

脚踏发电机类似于水力发电和风力发电，是以机械能为动力，通过发电机组将机械能转换为电能，再通过变压整流设备将电能安全地输入摄像头和显示器进行供电。参与者通过高速踩踏自行车，可以起动发电机发电，摄像头通电后将实时摄录参与者的影像，同时将摄像头和显示器连接，可以将摄录的影像播放出来。

脚踏发电机以人力为动力，不依赖汽、柴油等其他燃料，符合环保理念。将脚踏发电机与健身器械结合起来就变成两种功能的健身发电车。对于需要使用健身器械保持身体健康的人来说，健身的同时还可将健身娱乐消耗的能量转换为电能储存起来作为照明和应急电源之用，这是一件一举两得的事情，而且还会增加健身的趣味性，边健身边观看显示器播放的节目，就不觉得健身的枯燥和疲倦了。作为一种新型绿色能源系统，它具有结构简单、操作方便、安全可靠、老少皆宜、不受任何时间空间限制的特点，只要有人在，就可以全天候发电。

考虑到人力脚踏发电时所能提供的功率必须大于摄像头和显示器工作所需的电功率，故人力脚踏时必须给出 100W 以上的功率。

【实验步骤】

1. 骑稳在人力脚踏车座上，打开显示器电源开关，选择好视频源。
2. 用力骑行，就可以边骑行边观看显示器上播放的视频了。

【注意事项】

脚踏发电机在骑行时必须达到一定的人力输出功率，方可使 CCD 和电视机正常工作。

实验 3.33　能量转换轮

【实验目的】

演示电能、磁能、机械能、光能之间的相互转化，了解能量转化和守恒定律。

【实验装置】

能量转换轮演示仪如图 3.33-1 所示。

【实验原理】

实验装置上有一个大的转轮，轮子一圈镶有许多永久磁铁。

图 3.33-1　能量转换轮演示仪

在轮子右侧上端有一个可通交流电的电磁铁。当电磁铁通电时，产生交变磁场，电能转化为磁能，转轮内的磁铁在该磁场的磁力作用下带动转轮转动，磁能转化为机械能。旋转的轮使得永久磁铁的磁场运动，又使轮子附近左侧的闭合线圈中产生感生电流，磁场能量又被转化成电能，并通过发光二极管转变为光能。

【实验步骤】

1. 打开箱体前面板上的开关，使转轮右侧铁心产生变化的磁场。
2. 轻轻转动大圆盘（内有永久磁铁），使其转动起来，经过两磁场的相互作用，转轮越转越快。
3. 观察转轮左侧线圈中发光二极管的发光情况。
4. 实验结束，关闭电源。

第 4 章

机械振动与机械波

物体在一定位置附近所做的来回往复的运动称为**机械振动**。广义而言，任何一个物理量围绕一定的平衡值做周期性的变化时，都可称该物理量在振动。例如，电路中的电压、电流，电磁场中的电场强度和磁场强度也都可能随时间做周期性变化，这种变化也可以称为振动——电磁振动或电磁振荡。

物理量 x 随时间 t 按余弦（或正弦）函数规律变化，即

$$x = A\cos(\omega t + \varphi) \tag{4-1}$$

时的振动称为**简谐振动**。简谐振动是最简单、最基本的振动。任何复杂的振动都可以看成是若干简谐振动的合成。

简谐振动方程式（4-1）中的 A、ω 和 φ 是简谐振动的三个特征物理量。A 称为振幅，它表示振动物体偏离平衡位置的最大位移；ω 称为圆频率，它与振动的周期 T 和频率 f 的关系式为

$$\omega = 2\pi f = \frac{2\pi}{T} \tag{4-2}$$

振动的周期和频率由振动系统本身的性质决定，故又称为系统的固有周期、固有频率。$(\omega t + \varphi)$ 是描述振动系统运动状态的物理量，称为系统在任意时刻 t 的**相位**。φ 是 $t = 0$ 时的相位，称为初相。

实验 4.1 简谐振动与圆周运动

【实验目的】

了解简谐振动与匀速圆周运动的对应关系，学习用相量图法表示和研究简谐振动。

【实验装置】

简谐振动与匀速圆周运动演示装置如图 4.1-1 所示，仪器结构示意图如图 4.1-2 所示，其中左图为正视图，右图为侧视图。1 是支撑演示仪的竖直的板；2 是绕水平轴转动的圆盘；3 是固定在圆盘 2 上的带帽圆柱形棒；4 是可沿圆孔 5 水平方向位移的直杆，杆上固定一带帽的圆柱形棒 6；7 是细长的沿圆环的导轨；8 是电动机，其轴与圆盘 2 固定在一起；9 是导线；10 是开关。

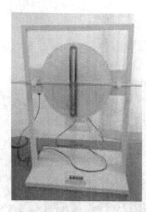

图 4.1-1 简谐振动与匀速
圆周运动演示装置

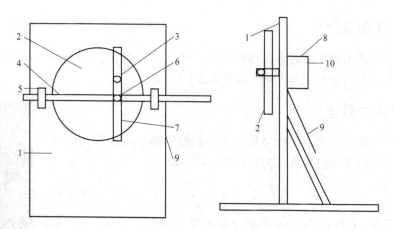

图 4.1-2 仪器结构图

【实验原理】

简谐振动与匀速圆周运动有一个简单的对应关系。如图 4.1-3 所示，设一质点以匀角速度 ω 沿半径为 A 的圆周逆时针运动。以圆心 O 为坐标原点，从质点的径矢与 x 轴的夹角为 φ 的时刻开始计时，则在任意时刻 t，此径矢与 x 轴的夹角为 $(\omega t + \varphi)$，而质点在 x 轴上的投影点的坐标为 $x = A\cos(\omega t + \varphi)$，这正与式（4-1）所表示的简谐振动的定义式相同。由此可知，质点做匀速圆周运动时，该质点在任一直径上的投影点的运动就是简谐振动。圆周的半径 A 就等于投影点简谐振动的振幅，圆周运动的角速度 ω 就等于振动的圆频率，初始时刻该质点的矢径与 x 轴的夹角 φ 就是振动的初相位。

正是由于上述对应关系，所以常常借助于匀速圆周运动来研究简谐运动。那个对应的圆周称为参考圆，称其矢径 A 为振幅矢量，则用一个匀速旋转的振幅矢量就可以表示一个简谐振动，如图 4.1-4 所示。简谐振动的这种表示方法称为矢量图法，它往往使简谐振动问题的求解，特别是简谐振动的合成得以简化。

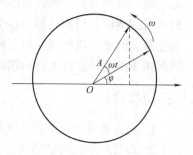

图 4.1-3 简谐振动的参考圆

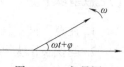

图 4.1-4 矢量图

【实验步骤】

接通 220V 电源，打开电源开关，可见圆盘 2 沿竖直平面匀速转动，带帽圆柱形棒 3 以相同的角速度绕轴心做圆周运动，而 3 在水平轴上的投影 6 做简谐振动。

实验 4.2 大型蛇形摆

【实验目的】

通过演示说明单摆的原理，了解摆长与周期的关系。

【实验装置】

将不同长度的细线等间隔地悬挂起来，各条细线下端系挂着完全相同的小球，如图 4.2-1 所示。

【实验原理】

单摆的周期只和摆长有关，根据牛顿运动定律可以导出其周期与摆长的二次方根成正比，即

$$T = 2\pi \sqrt{\frac{l}{g}} \qquad (4.2\text{-}1)$$

式中，l 表示摆长；g 是重力加速度。

图 4.2-1　大型蛇形摆

本仪器中蛇形单摆的摆长规律性变弱，因此所有单摆的周期也规律性变弱。从摆动的角度大小而言，摆动时摆线张开的角度也是规律性变弱。因此开始摆动后，最初由于角度差异不大，而且是规律性的差异，所以整体看上去所有摆球同时摆动所构成的波形就像是扭动着的蛇的形状。摆动多次之后，差异性逐渐增加，看起来似乎是杂乱的。当继续摆动之后，直到奇数、偶数单摆的角度分别达到整数倍数、半数倍数的时候，就可以观察到分成两行的情形。当本仪器的各个摆长严格按一定规律排列而成时，显现出周而复始的运动效果更好，因此，每个摆的顶部都配有微调摆长钮。在令摆球开始摆动时，所用挡板表面粘有增大摩擦的绒布以避免侧向摆动，保证各个摆所在的摆面平行。

【实验步骤】

1. 用挡板将所有单摆推到相同的角度位置处，然后撤掉挡板。
2. 观察蛇形摆的摆动情况，测定各个单摆的周期以及整个蛇形摆的复原周期。

【注意事项】

1. 注意不同单摆的细线和细线间不能缠绕。
2. 当摆长由大到小的变化不够均匀时，应及时调整摆顶部的微调摆长钮，否则会影响摆动效果。

实验 4.3　共　　振

【实验目的】

演示长度不同的弹簧钢片在策动力频率不同时分别产生共振的现象。理解固有频率仅取决于振动系统本身的力学性质。

【实验装置】

如图 4.3-1 所示，该装置主要由长度不同的弹性钢片、平面支架、24V 可变速偏心电动机和直流电源组成。

【实验原理】

物体在弹性力或准弹性力的作用下（没有其他力，如阻力）的运动称为简谐振动，又称为**无阻尼自由振动**。实际上，任何振动系统总还要受到阻力的作用，这时系统的振动称为**阻尼振动**。由于在阻尼振动中，振动系统要不断地克服阻力做功，所以它的能量将不断地减少，

图 4.3-1 共振演示仪

阻尼振动的振幅也不断地减小。如果对振动系统施加周期性外力，从而不断地为系统补充能量，则系统就能得到等幅的（即振幅并不衰减）振动。这种周期性外力称为策动力。在周期性的策动力作用下的振动称为**受迫振动**。

理论计算表明，受迫振动在稳定后的振动频率与周期性策动力的频率相同。振幅与策动力的频率有关。策动力的频率公式为

$$\omega = \sqrt{\omega_0^2 - 2\beta^2} \tag{4.3-1}$$

式中，ω_0 为系统固有频率；β 为阻尼系数。当策动力的频率满足式（4.3-1）时，系统振幅达到最大，称为**共振**。

一般因为阻力很小，所以共振的条件可以近似写为

$$\omega = \omega_0 \tag{4.3-2}$$

即当策动力的频率与固有频率相同时发生共振现象。

系统的固有频率一般与系统的劲度系数和质量有关。在质量相同的情况下，劲度系数越大，固有频率越大；在劲度系数相同时，质量越大，固有频率越小。因此，由同种材料做成的截面相同的弹簧片，长度越长其固有频率越小。

共振现象是极为普遍的，在声、光、无线电、原子内部及工程技术中都常遇到。共振现象有有利的一面，例如，许多仪器就是利用共振原理设计的：收音机利用电磁共振（电谐振）进行选台；一些乐器利用共振来提高音响效果；核磁共振被用来进行物质结构的研究以及医疗诊断等。共振也有不利的一面，例如，共振时因为系统振幅过大会造成机器设备等的损坏。

该装置利用长短不同的弹性钢片在周期性外力作用下做受迫振动。当弹性钢片的固有频率与强迫外力的频率相同时产生共振现象。调节信号源的频率，即强迫外力的频率，依次达到各弹性钢片的固有频率，则各弹性钢片依次发生共振。

【实验步骤】

1. 接通电源，仔细调节电源电压，可观察到弹性钢片从长到短逐个振动。

2. 在弹性钢片从长到短逐个振动的过程中，可观察到同一弹性钢片在不同频率时，两个方向的振动情况，还可以发现一个方向上会出现两次振动并观察和比较振动时的振幅。

3. 当调节到一定频率（逐渐增大电压）时，最长的弹性钢片首先发生共振，该弹性钢片的振幅达到最大值。

4. 再逐渐提高频率，最长的弹性钢片振幅开始减小，而第二长的弹性钢片开始随频率提高而振幅变大，当信号源频率与其固有频率相同时，第二长的弹性钢片振幅达到最大值；

继续提高频率，第三片、第四片、第五片相继地出现最大振幅。再提高频率，最长的弹性钢片上会出现驻波。

【注意事项】

调节电源电压时要慢和仔细，否则就会错过各弹性钢片的共振频率而看不到共振现象。

实验 4.4　大型玻璃杯的共振

【实验目的】

本演示实验通过声波与玻璃杯的共振来击碎完好的玻璃杯，再通过大型视屏把玻璃杯被声波击碎的过程直观展示给学生。这一现象精彩刺激，可以让学生对共振现象的破坏力产生深刻的印象。

【实验装置】

声波发生器、可调频调压电源、放置玻璃杯的固定槽、玻璃杯、可放入玻璃杯中的小段塑料管等。全套装置置于有机玻璃罩内。玻璃杯共振时的情形如图 4.4-1 所示。

【实验原理】

各种不同的物体都有其固有的谐振频率，玻璃杯也是如此。使声音气流在玻璃杯中回荡，当声波的频率与玻璃杯的固有频率一致时，玻璃杯在声波的激励下就会产生共振。声波的激励功率越大，玻璃杯的共振就越强烈，直至玻璃杯因振动过强、振幅过大而破裂，这就是共振所造成的危害。

图 4.4-1　玻璃杯的共振

【实验步骤】

1. 先把有机玻璃罩打开，将实验用的玻璃杯卡在固定槽中并固定好，在玻璃杯中放入一小段塑料管，用以检验玻璃杯的共振状态。

2. 把有机玻璃罩罩上。

3. 打开电源，调节电压逐步上升至 20～30V，再由粗到细逐步调整声波频率，使玻璃杯共振幅度最大（此时玻璃杯中的小塑料管跳动也最强），再逐步加大声源的电压，至 80V 左右即可将玻璃杯击碎。

4. 玻璃杯破碎后应及时把声源的电压调至 0，然后清理掉破碎的玻璃杯。

【注意事项】

1. 在打开电源、调高电压和频率之前，一定要把有机玻璃罩罩上，以防玻璃杯破裂时碎片飞出伤人和声波给人带来不适。

2. 玻璃杯破碎后应及时把声源的电压调至 0，以免强声压给人体造成不适和扬声器长时间（30s 以上）大负荷工作而受到损坏。

3. 清理破碎的玻璃杯时要谨防玻璃碎片伤人。

实验 4.5　简谐振动的合成 拍

【实验目的】

熟悉振动方向相同的简谐振动的合成规律，了解拍的现象及其应用。

【实验装置】

两个固有频率相同的音叉，在其中一个的上面多加一个小螺钉。两个相同的共鸣箱和一个橡皮槌，如图 4.5-1 所示。

图 4.5-1　共振音叉

【实验原理】

在实际问题中，常常会遇到几个简谐振动的合成（或叠加）。例如，在乐队演奏时，空气中某一质点的运动就是各个乐器发出的声波引起的振动的合成。

两个振动方向相同、频率相同的简谐振动的合振动也是同一方向、同一频率的简谐振动。设两个简谐振动分别为

$$x_1 = A_1\cos(\omega t + \varphi_1) \tag{4.5-1}$$
$$x_2 = A_2\cos(\omega t + \varphi_2) \tag{4.5-2}$$

则其合振动为

$$x = A\cos(\omega t + \varphi) \tag{4.5-3}$$

式中，合振动的振幅 A 由两个分振动的振幅 A_1、A_2 和相位差（$\varphi_2 - \varphi_1$）决定：

$$A = \sqrt{A_1^2 + A_2^2 + 2A_1A_2\cos(\varphi_2 - \varphi_1)} \tag{4.5-4}$$

然而，两个振动方向相同、频率不同的简谐振动的合振动不再是简谐振动。如果这两个简谐振动的振幅相同，则当它们的频率都较大而其差值很小时，就会出现合振动忽强忽弱的现象，这种现象称为**拍**。单位时间内振动加强或减弱的次数称为拍频。拍频等于两个分振动的频率之差。

拍频可以用来测量频率。钢琴琴键的校准也是应用了声波的拍：校准时，同时弹标准琴和待校琴的相同音的键，如果听到有声拍，则要继续校正，直到同时弹两架琴的相同键时不再有声拍，则已经校正好了。

【实验步骤】

1. 取两个相同的共鸣箱及两个固有频率相同的音叉，共鸣箱的开口相对放置如图 4.5-2 所示。

2. 用橡皮槌敲击两音叉中的任意一个，倾听音叉发出的声音。

3. 用橡皮槌同时敲击两个音叉，这时会听到时强时弱的"嗡…""嗡…"声。

4. 利用电信号也可以演示拍的现象，如图 4.5-3 所示。

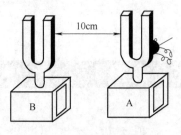

图 4.5-2　音叉摆放位置

图 4.5-3　电拍的演示

实验 4.6　相互垂直的简谐振动的合成

【实验目的】

了解相互垂直简谐振动的合成规律，了解李萨如图的成因、图形和应用。

【实验装置】

本实验所使用的简谐振动合成仪是由两个简谐振动发生器和记录配件合在一起构成的，如图 4.6-1 和图 4.6-2 所示，其中 A 为控制开关部分，B 为第一振动部分，C 为第二振动部分，D 为走纸部分，E 为调速机构（在合成仪的背面）。

图 4.6-1　简谐振动合成仪

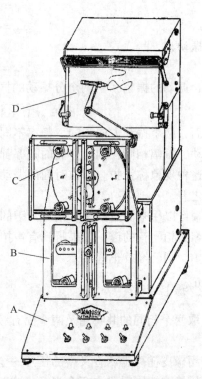

图 4.6-2　简谐振动合成仪结构图

【实验原理】

在有些实际问题中，常会遇到一个质点同时参与两个不同方向的振动。这时质点的合位移是两个分振动的位移的矢量和。由此可以求得两个频率相同、振动方向相互垂直的简谐振动的合振动的轨迹。一般说来，它是一个椭圆，而当两个分振动的相位差 $\delta_0 = \varphi_2 - \varphi_1$ 分别为 0、$\dfrac{\pi}{4}$、$\dfrac{\pi}{2}$、$\dfrac{3\pi}{4}$ … 时，轨迹分别为直线、斜椭圆、正椭圆……，如图 4.6-3 中第一行所示。

如果两个相互垂直的简谐振动频率不同，那么它们的合运动比较复杂，而且轨迹是不稳定的。但是，当两振动的频率相差较大且有简单的整数比时，合运动又具有稳定、封闭的运动轨迹。这种轨迹的图形统称为**李萨如图**。例如，当 y 方向的振动频率与 x 方向的振动频率之比 $\omega_2/\omega_1 = n/m$ 分别为 1/1，1/2，1/3，2/3，3/4，… 时，合运动的轨迹分别如图 4.6-3 中各行所示。如果已知一个振动的频率，则可以根据李萨如图形求出另一个振动的频率，即

$$y \text{ 方向的凸形数}/ x \text{ 方向的凸形数} = \omega_2/\omega_1$$

这是一种比较简便也是比较常用的测定频率的方法。

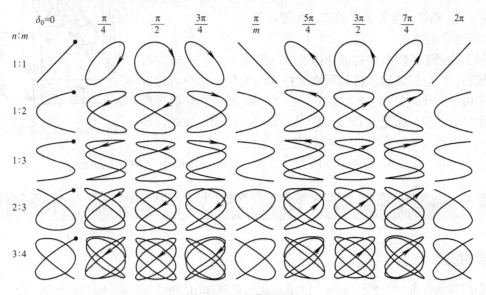

图 4.6-3　李萨如图形

本实验所使用的简谐振动合成仪是利用旋转矢量在轴上的投影能表示简谐振动的方法制造的。如图 4.6-1 和图 4.6-2 所示，B 为第一振动部分，产生 x 方向的振动，C 为第二振动部分，产生 y 方向的振动，它的振动方向能取水平或铅直。第一和第二两部分就是两个简谐振动发生器，记录笔所画出的图就是李萨如图。

【实验步骤】

同方向的两个简谐振动的合成实验：

1. 旋松第二振动的方向定位螺钉（位于第二振动基板背面），转动第二振动使其与第一振动方向一致（先可参照两个振动方向一致的对齐线）。调节配重，使第二振动的旋转扁条

能处处静止，然后使第一振动在记录纸上划出一条直线，再使第二振动在记录纸上划出另一条直线，如果两者重合或构成一条更长的直线，则达到要求，紧固第二振动的定位螺钉。

2. 移动第一振动变速齿轮齿数组，使齿轮按所需的比数啮合，先开第一振动、第二振动和走纸机的电源开关，然后再开电源总开关，就可以进行频率比为各个给定值时的振动的合成。合振动曲线由记录笔绘出。

相互垂直的两个简谐振动的合成实验：

1. 旋松第二振动的方向定位螺钉（位于第二振动基板背面），转动第二振动使其与第一振动方向垂直（先可参照两个振动方向垂直的对齐线）。调节配重，使第二振动的旋转扁条能处处静止，然后使第一振动在记录纸上划出一条水平线，再使第二振动在记录纸上划出一条垂直线。如果两条线的交角成90°，则达到要求。紧固第二振动的定位螺钉。

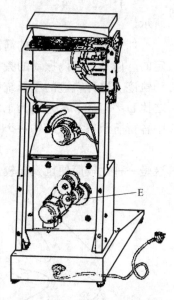

2. 移动第一振动变速齿轮齿数组，使齿轮按所需的比数啮合，先开第一振动、第二振动和走纸机的电源开关，然后再开电源总开关，就能在记录纸上得到各种不同初相的图形，如45°斜直线、椭圆和各种形状的李萨如图形等。

"变速"的操作：

用手拉调速机构 E 中的滚花拉手（见图 4.6-4），一边左右微微转动，一般轻轻拉，拉到所需要搭配的齿轮上，按齿轮排列次序由里向外为 1：2、8：7、1：1、2：3。按啮合齿的先后次序由里向外拉，速比为 1：1、2：3、8：7、1：2。这样就可使用了。如果太紧，略松一下滑槽螺钉。

图 4.6-4　仪器背面结构图

速比为 8：7，两个简谐振动的方向取为平行时，可绘出"拍"的图线。

实验 4.7　激光李萨如图形

【实验目的】

利用特性优良的激光，简便、清晰地演示李萨如图形的形成和不同频率比的图形，促进对其理解并掌握利用李萨如图形测量频率的方法。

【实验装置】

激光李萨如图形演示仪如图 4.7-1 所示。

【实验原理】

李萨如图形是研究振动频率关系的一种有效方法，在物理学的力学、电磁学、光学等领域有着广泛的应用。李萨如图形是物理学中留给人们深刻印象的图形之一。

图 4.7-1　激光李萨如图形演示仪

本演示仪面板上装有两个分别沿 x 方向、y 方向振动的钢片，并分别带有反射镜，用以反射激光源发出的激光束，面板下的机箱内装有两个振动器和低频电压信号发生源。一个振动器水平放置，代表 x 方向振动；另一个振动器垂直放置（部分振动条穿入机箱内），代表 y 方向振动。两个振动器中的振动片分别由机箱内低频信号功率源驱动，做受迫振动。当线圈通以交流电时，穿过线圈的振动片被磁化，极性不断变化，并被振动片两旁的磁体吸引、排斥，引起振动。通过改变低频信号功率源的输出频率，实现两振动的频率比成整数比，再经 x、y 两振动片上的反射镜反射的激光束合成后，即形成李萨如图形。

【实验步骤】

1. 接通仪器电源，使激光束照射在远处屏上或墙上，开机时数码管显示 x（频率）∶y（频率）比值为 1∶1。

2. 改变 x 方向的振动频率，y 方向频率基本保持不变，为了图形的稳定仅做少量微调，调整仪器面板上的频率调节旋钮，观察图像。

【注意事项】

1. 不许用手触摸平面镜的反射面。

2. 在接通电源的情况下，不许用手直接接触激光管的接线端。

3. 关闭 X-ON 开关，接通 Y-ON 开关，调节 Y-振幅旋钮至屏上为一竖直细亮线。

4. 同时接通 X-ON、Y-ON 开关，则屏上为一椭圆，注意应使 x、y 振幅大致相同。

5. 按动"（X∶Y）+"按钮，可依次在屏上显现 X-Y 频率比为 1∶2、2∶3、3∶4、3∶5、4∶5 的李萨如图形。按动"相移"按钮，每按一下，Y 振动相移 2°，观察屏上李萨如图形状的变化。

实验 4.8　纵　　波

【实验目的】

演示纵波的形成，了解纵波形成时介质的密度发生疏密变化。

【实验装置】

如图 4.8-1 所示，在支架上由多条细线悬挂着用细钢丝绕制的软弹簧，支架的一侧有一个一端固定、另一端自由的钢片，作为振源。

【实验原理】

振动的传播称为波动，简称波。机械振动在媒质中的传播称为机械波，如声波、水波、地震波等。变化着的电场和变化着的磁场在空间的传播称为电磁波，如无线电波、光

图 4.8-1　纵波演示仪

波、X 射线等。虽然各类波的本质不同，但是在形式上它们具有许多共同的特征和规律，例如，都具有一定的传播速度，都能产生反射、折射、干涉和衍射现象等。

机械波是机械振动在媒质中的传播，因此，它的形成首先要有做机械振动的物体作为波源；其次要有能够传播这种机械振动的媒质。只有通过媒质各部分间的相互作用，才能把机械振动传播出去。

在物体（气体、液体或固体）内部传播的机械波都是靠物体的弹性才能形成的。这些媒质统称为弹性媒质。媒质元的振动方向与波的传播方向垂直的波称为横波。横波在外形上有峰有谷。媒质元的振动方向与波的传播方向相同的波称为纵波。当纵波形成时，介质的密度发生变化，有些地方稀疏，有些地方稠密。在弹性固体（如固体材料和大地）中可以产生横波；气体、液体或固体中都能产生纵波。

拨动本实验装置中当作波源的钢片，钢片振动时推动紧邻的软弹簧振动，引起弹簧各圈之间间距的疏密变化，即可演示纵波的形成。

【实验步骤】

拨动实验装置中的钢片，然后观察弹簧各圈的振动。

实验4.9 声波波形

【实验目的】

通过把声音信号转变为电信号，直观形象地观察声波的波形，了解声强的变化。

【实验装置】

如图 4.9-1 所示，声波波形演示仪主要由产生音乐信号的电子琴、外部传声器和双线示波器组成。图 4.9-2 是实验装置电路框图。所用示波器可以同时显示音乐信号和声音信号的波形。借助示波器面板上的选择开关，也可单独选择其中的任意一个。

图 4.9-1　声波波形演示仪

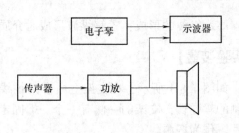

图 4.9-2　声波波形电路框图

【实验原理】

空气中的声波是纵波。

把由电子琴产生的音乐信号或由传声器送入的语音信号转变为电信号，就可以在示波器荧屏上看到声波波形。

【实验步骤】

1. 演示音乐信号波形

打开总电源开关和示波器电源开关，调整好示波器的量程和扫描基线，再将电子琴的电源打开（电子琴信号输出已在内部与示波器连接好），弹奏琴键，即可在示波器上看到音乐信号的波形。

2. 演示声音信号波形

将电源开关都打开后，把机箱右侧的传声器插入对应插孔内，对着传声器说话和唱歌，声音信号经放大之后，被传送到示波器，同时传送到扬声器，在示波器上就可以看到声音信号的波形，同时还可以通过扬声器听到声音。

实验 4.10　声波可见

【实验目的】

利用视觉暂留原理通过弦振动的波形来显示声波。

【实验装置】

声波可见演示实验如图 4.10-1 所示。

【实验原理】

人眼对短暂的图像信息在视觉上会给予约 1/10s 的保留时间，利用这一原理，我们在观察一些不连续的、时间间隔很短的物体图像时，会形成一个连续的视觉印象。在本演示实验中，当拨动琴弦时，琴弦会发生振动，一般这些振动人眼不易观察，因为声音的频率通常在几十到几千赫兹之间，在这样的频率下人眼的观察是来不及反应的。但若在琴弦后面安装一个滚筒，滚筒上有许多白色的反光横条，当滚筒转动时，反光横条在掠过琴弦的一瞬间，把振动的此瞬间琴弦的白底黑线的图像在视觉中暂时保留了下来，我们就可以利用视觉的暂留而看见弦振动的波形了。

【实验步骤】

在将琴弦拨动的同时，快速地转动琴后面的滚筒，用眼睛对着滚筒观察琴弦，可以看见白底黑线的琴弦振动图像。

【注意事项】

拨动琴弦时用力不要太大，以免损坏仪器。

图 4.10-1　声波可见
演示实验

实验 4.11　水　面　波

【实验目的】

利用水波的投影显示水面波的圆形波，以及两个点波源的水面干涉，通过双孔的干涉、椭圆面的聚焦性质、平面波及波的干涉等物理现象，深入了解波的特性。

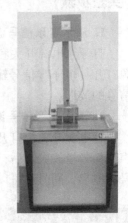

【实验装置】

如图 4.11-1 所示，水面波的演示装置包含以下几个主要部分：
1. 直流电源（输出 1.25～24V 连续可调）
2. 振动源（振动频率 2～20Hz）
3. 水盘（直径 390mm）
4. 投影仪

图 4.11-1　水面波演示仪

【实验原理】

点波源发出的波在空间传播时是球面波，在水面上则是圆形波。

频率相同、振动方向相同、相位差恒定的两列波叫作相干波。能够产生相干波的波源就叫相干波源。相干波相遇时，使相遇区域内某些地方振动始终加强，另一些地方振动始终减弱的现象，称为**波的干涉现象**。**频率相同、振动方向相同、相位差恒定是相干波必须满足的相干条件。**

根据惠更斯原理，双缝挡板上的每个缝都可看作是发射子波的波源。使两缝相对单振子的位置对称，则由单振子发出的圆形波经过双缝后成为相干波，它们在相遇区域内产生干涉现象。如图 4.11-2 所示，由 S_1 和 S_2 发出的一系列的球形波阵面，其波峰和波谷分别以实线和虚线的圆弧来表示，两相邻波峰或波谷间的距离为一个波长。当两波在空间相遇时，若它们的波峰与波峰或波谷与波谷相重合（图中实线各点），振动始终加强，合振幅最大；若两波的波峰与波谷相重合（图中虚线各点），振动始终减弱，合振幅最小。

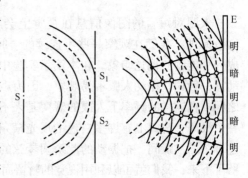

图 4.11-2　双缝干涉原理

下面从**波的叠加原理**出发，应用同方向、同频率简谐振动合成的结论，来分析干涉现象的产生，并确定干涉加强和减弱的条件。

设有两个相干波源 S_1、S_2，它们的简谐振动方程分别为

$$y_{10} = A_1\cos(\omega t + \varphi_1), \qquad y_{20} = A_1\cos(\omega t + \varphi_1)$$

式中，ω 为两波源的角频率；A_1、A_2 分别为它们的振幅；φ_1、φ_2 分别为两波源的初相。设这两个波源发出的波在同一介质中传播，波长均为 λ，且不考虑介质对波能量的吸收，这两列

波的振幅亦分别为 A_1、A_2，这两列波从各自的波源出发分别经过 r_1、r_2 的距离后在点 P 相遇。于是可以写出它们在点 P 引起的振动分别为

$$y_1 = A_1\cos(\omega t + \varphi_1 - 2\pi r_1/\lambda) \qquad y_2 = A_2\cos(\omega t + \varphi_2 - 2\pi r_2/\lambda)$$

上两式表明，点 P 同时参与两个同方向、同频率的简谐振动，合振动仍为简谐振动，合振动的方程为 $y = y_1 + y_2 = A\cos(\omega t + \varphi)$，式中 φ 为合振动的初相，A 为合振动的振幅，A 的值由下式决定：

$$A = \sqrt{A_1^2 + A_2^2 + 2A_1 A_2\cos\Delta\varphi} \tag{4.11-1}$$

式中，$\Delta\varphi$ 为两列相干波在相遇点的相位差：

$$\Delta\varphi = \varphi_2 - \varphi_1 - \frac{2\pi}{\lambda}(r_2 - r_1) \tag{4.11-2}$$

在两波的叠加区内，满足 $\Delta\varphi = \pm 2k\pi$，$k = 0$，1，2，…的空间各点合振幅最大，其值为 $A_{\max} = A_1 + A_2$；而在满足 $\Delta\varphi = \pm(2k+1)\pi$，$k = 0$，1，2，…的空间各点，合振动的振幅最小，其值为 $A_{\min} = |A_1 - A_2|$。这样，两波干涉的结果使空间某些点的振动始终加强，而另一些点的振动始终减弱。

【实验步骤】

1. 演示圆波

（1）将水波盘放在投影仪上。

（2）将单振子固定在杠杆的 A 端，使单振子与水面接触。

（3）打开投影仪，使水面成像于屏上。

（4）接通电动机的直流电源，由直流电源控制电动机转速，将电动机带动的振子的振动频率随直流电源输出电压的逐渐增大而增大，调节直流电源至清晰可见波纹。图 4.11-3 是一次间歇振动所形成的波纹。图 4.11-4 是连续振动所形成的波纹。

2. 演示椭圆面的聚焦性质

在水波盘内放入椭圆面挡板，仔细调节椭圆面，使振子位于椭圆面的一个焦点上，可看到由此焦点发出的圆形波纹经椭圆面反射后，会聚于椭圆的另一焦点，如图 4.11-5 所示。

图 4.11-3　一次间歇振动波纹　　　图 4.11-4　连续振动波纹　　　图 4.11-5　椭圆面的聚焦

3. 演示平面波

（1）将棍形振子固定在杠杆 A 端，使其与水面接触。

（2）与"圆波"操作相同，则水面上形成直线波纹，如图 4.11-6 所示。

4. 演示波的干涉

在杠杆的 A 端装上双振子，使其与水面接触。其余操作与"圆波"操作相同，可看到

双振子激发的两列波的干涉图样，如图 4.11-7 所示。

把单振子固定在振源上，使其振动，在前面放入双缝挡板可以观察到由单振子产生的圆形波纹通过双缝挡板时产生的两个子波形成的干涉，如图 4.11-8 所示。

图 4.11-6　平面波波纹

图 4.11-7　双振子干涉波纹

图 4.11-8　双缝干涉波纹

【知识拓展】

水面波和地震波

最容易观察到的波动是水面波。当向池塘里扔一块石头时水面被扰乱，以石头入水处为中心有圆形波纹向外扩展。这个波纹是水波附近的水的颗粒运动造成的，然而水并没有朝着水波传播的方向流。如果水面浮着一个软木塞，它将上下跳动，但并不会从原来位置移走。这个扰动由水粒的简单前后运动连续地传下去，从一个颗粒把运动传给更前面的颗粒。这样，水波携带石击打破水面的能量向池边运移并在岸边激起浪花。地震运动与此相当类似。我们感受到的摇动就是由地震波的能量产生的弹性岩石的震动。

假设一弹性体，如岩石，受到打击，会产生两类弹性波从源向外传播。第一类波的物理特性恰如声波。声波，乃至超声波，都是在空气里由交替的挤压（推）和扩张（拉）而传递。因为液体、气体和固体岩石一样能够被压缩，所以同样类型的波能在液体（如海洋）和湖泊及固体（如地球）中穿过。在地震时，这种类型的波从断裂处以同等速度向所有方向外传，交替地挤压和拉张它们穿过的岩石，其颗粒在这些波传播的方向上向前和向后运动。换句话说，这些颗粒的运动是垂直于波前的。向前和向后的位移量称为振幅。在地震学中，这种类型的波称为 P 波，即纵波，它是首先到达的波。

弹性岩石与空气有所不同，空气可被压缩但不能剪切，而弹性物质通过使物体剪切和扭动，可以允许第二类波传播。地震产生这种第二个到达的波叫 S 波。在 S 波通过时，岩石的表现与在 P 波传播过程中的表现相当不同。因为 S 波涉及剪切而不是挤压，使岩石颗粒的运动横过运移方向。这些岩石运动可在一垂直方向或水平面里，它们与光波的横向运动相似。P 波和 S 波同时存在使地震波列成为具有独特的性质组合，使之不同于光波或声波的物理表现。因为液体或气体内不可能发生剪切运动，S 波不能在它们中传播。P 波和 S 波这种截然不同的性质可被用来探测地球深部流体带的存在。

S 波具有偏振现象，当 S 波穿过地球时，它们遇到构造不连续界面时会发生折射或反射，并使其振动方向发生偏振。当发生偏振的 S 波的岩石颗粒仅在水平面中运动时，称为 SH 波。当岩石颗粒在含波传播方向的水质平面里运动时，这种 S 波称为 SV 波。

大多数岩石，如果不强迫它以太大的振幅振动，则具有线性弹性，即由于作用力而产生的变形随作用力线性变化。这种线性弹性表现称为服从虎克定律。与此相似，地震时岩石将对增大的力按比例地增加变形。在大多数情况下，变形将保持在线弹性范围，在摇动结束时岩石将回到原来位置。然而在地震事件中有时发生重要的例外表现，例如当强摇动发生于软土壤时，会残留永久的变形，波动变形后并不总能使土壤回到原位，在这种情况下，地震烈度较难预测。

弹性的运动提供了极好的启示，说明当地震波通过岩石时能量是如何变化的。与弹簧压缩或伸张有关的能量为弹性势，与弹簧部件运动有关的能量是动能。任何时间的总能量都是弹性能量和运动能量二者之和。对于理想的弹性介质来说，总能量是一个常数。在最大波幅的位置，能量全部为弹性势能；当弹簧振荡到中间平衡位置时，能量全部为动能。假定没有摩擦力或耗散力存在，那么一旦往复弹性振动开始，它将以同样幅度持续下去。这当然是一个理想的情况。在地震时，运动的岩石间的摩擦逐渐生热而耗散一些波动的能量，除非有新的能源加进来，像振动的弹簧一样，地球的震动将逐渐停息。对地震波能量耗散的测量提供了地球内部非弹性特性的重要信息，然而，除摩擦耗散之外，地震震动随传播距离增加而逐渐减弱现象的形成还有其他因素。

由于声波传播时其波前为一扩张的球面，携带的声音随着距离增加而减弱。与池塘外扩的水波相似，我们观察到水波的高度或振幅，向外也逐渐减小。波幅减小是因为初始能量传播越来越广而产生衰减，这叫几何扩散。这种类型的扩散也使通过地球岩石的地震波减弱。除非有特殊情况，否则地震波从震源向外传播得越远，它们的能量就衰减得越多。

实验 4.12　弦线上的驻波

【实验目的】

演示、观察弦线上的驻波和环形驻波，了解驻波的振幅分布，学会用驻波简便地测波长。

【实验装置】

包括电源（振荡器）、振动源和弦线、钢丝环、弹簧片。

1. 振荡器组成，如图 4.12-1a 所示：1 为电源指示灯，2 为电源开关，3 为功率调节，4 为频率调节，5 为信号输出插口。

2. 振动源组成，如图 4.12-1b 所示：6 为信号输入插口，7 为振动杆。

3. 弹性介质：90cm 长的圆形松紧带 1 根，直径 1mm、长 90cm 的钢丝 1 根，长 20cm、宽 1.5cm 的弹簧片 1 片（用锯条代替也可），长度为 10cm、劲度系数为 1.96N/m 的软弹簧一根。

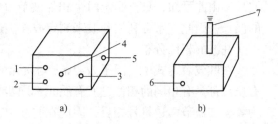

图 4.12-1

a) 振荡器　b) 振动源

【实验原理】

当两列振幅相同的相干波在同一条直线上沿相反方向传播时，叠加形成的波称为驻波。驻波是波的干涉现象的一种特殊情形，在声学和光学中都有重要的应用。

可以应用平面简谐波表达式对驻波做定量描述。设有两列波速为 u、分别沿 x 轴正向和负向传播的平面简谐波，选取两波在 x 轴原点处都出现波峰的时刻开始计时（即 $t=0$），则两波的表达式分别为

$$y_1 = A\cos 2\pi\left(\nu t - \frac{x}{\lambda}\right), \quad y_2 = A\cos 2\pi\left(\nu t + \frac{x}{\lambda}\right)$$

两波相干叠加后，介质中任意 x 点处质元振动的合位移为

$$y = y_1 + y_2 = 2A\cos\frac{2\pi}{\lambda}x\cos 2\pi\nu t \tag{4.12-1}$$

该式即为驻波表达式。它表明，在坐标为 x 处的质元做振幅为 $\left|2A\cos\dfrac{2\pi}{\lambda}x\right|$、频率为 ν 的简谐振动，即媒质中各质元均做同频率的简谐振动，这一频率就是两个分振动的频率。驻波表达式中 x 和 t 分别出现在两个因子中，并不表现为 $\left(t-\dfrac{x}{u}\right)$ 或 $\left(t+\dfrac{x}{u}\right)$ 的形式，所以它不是一个行波表达式，而是全体媒质元所做的频率相同、振幅不同的简谐振动的表达式。

驻波的振幅分布：

在驻波中，各质元的振幅与它们所在的位置 x 有关，而与时间 t 无关。振幅的最大值发生在 $\left|2A\cos\dfrac{2\pi}{\lambda}x\right|=1$ 的各点，这些点称为波腹，其坐标为

$$x = k\frac{\lambda}{2}, \ k = 0, \pm 1, \pm 2, \cdots$$

振幅的最小值发生在 $\left|2A\cos\dfrac{2\pi}{\lambda}x\right|=0$ 的各点，这些点称为波节，其坐标为

$$x = \left(k+\frac{1}{2}\right)\frac{\lambda}{2}, \quad k = 0, \pm 1, \pm 2, \cdots$$

由波腹、波节的位置坐标表达式容易得到：相邻两波腹间或相邻两波节间的距离均为半波长。由此可知，只要测定两个相邻波节（或波腹）之间的距离，就可以确定原来两个波的波长。因此，常可利用驻波来测定波长。这是一种非常简便的测定波长的方法。

驻波的相位分布：

在驻波表达式中，因子 $\cos 2\pi\nu t$ 与质元的位置无关，只与时间 t 有关，似乎任一时刻所有质点都具有相同的相位，所有质元都同步振动。其实不然，因为因子 $\cos 2\pi x/\lambda$ 在波节处为零，在波节两边符号相反，因此在驻波中，两波节之间的各点有相同的相位，它们同时达到最大位移，同时通过平衡位置；同一波节两侧的各点相位是相反的。

总之，在驻波中，两相邻波节间各质元振幅不同，但具有相同的相位；在同一波节两侧的各质元振幅也不同，但其振动相位相反。

半波损失：

波在向前传播途中垂直地遇到障碍物（或遇到另一种介质的边界面）发生反射时，由于

反射波和入射波是传播方向相反的相干波，因而干涉叠加的结果，就会形成驻波。当入射波垂直入射到界面，且界面为固定端（其位移始终为零）时，端点处一定为波节，即入射波与反射波在端点的振动相位差一定是 π，说明入射波在固定端反射时其相位有 π 的突变，它相当于半个波长的波程差。把入射波反射时发生相位突变 π 的现象称为半波损失。当界面为自由端时，该处出现波腹，入射波和反射波同相位，说明反射时没有相位突变，不产生半波损失。在一般情况下，入射波在两种介质的分界面上反射时是否产生半波损失取决于介质的密度与波速之乘积 ρu。ρu 相对较大的介质称为波密介质，ρu 较小的介质称为波疏介质。当波从波疏介质向波密介质入射时，反射过程中出现半波损失；反之，无半波损失。

虽然驻波知识是高中物理教材中的选学内容，但是做好驻波的演示实验，让学生看到或亲自调试出驻波现象，对学生学习共振、波的叠加、波的干涉很有益处，同时也会激发学生的学习兴趣。

驻波的应用：

如果把弦线一端固定在振动的簧片上，并将弦线张紧，簧片振动时带动弦线由左向右振动，形成沿弦线传播的横波。若此波前进到弦线的另一端也是固定端时，便会反射回来。入射波和反射波在弦线上叠加便会形成驻波。由于弦的两端都是固定端，必为波节，又由于相邻两波节的距离为 λ/2，所以只有当弦线两固定端的间距为半波长整数倍时才能在弦上形成稳定的驻波，即在两端固定的张紧的弦线上产生驻波的条件是弦长 L 为半波长的正整数倍：

$$L = n\left(\frac{\lambda}{2}\right), \quad n \in N$$

由于波的传播速度 v 既等于波的频率 f 和波长 λ 的乘积，即 $v = f\lambda$，又等于弦所受张力 F 和弦的线密度 μ 的比值之平方根，即 $v = \sqrt{F/\mu}$，于是可得，弦上形成驻波时，其频率 f 为

$$f = \frac{v}{\lambda} = \frac{nv}{2L} = \frac{n}{2L}\sqrt{\frac{F}{\mu}}$$

当弦乐器的弦因振动发出声音时，振动频率最低者为 n = 1 时的情况，称为基频或基音（Fundamental Frequency）；频率较高的音称为泛音（Overtones），基音和泛音统称谐音（Harmonics）。这个驻波所产生的基音，就是我们平常听到乐器发出的音，同一乐器所发出其他频率的声音皆不明显。

在实验中，通过改变信号源的频率来改变两端固定张紧的弦的振动频率，即可在弦上形成驻波。

【实验步骤】

1. 固定端反射的弦线上的驻波

将 90cm 长的松紧带的两端分别固定在振荡器和喇叭振源上面的竖直棒上。把振荡器的输出端与喇叭振源的输入端接通。调节功率旋钮使它位于中间位置，打开电源，把频率调节旋钮从最低处往高处逐步转动，这样在松紧带上会显现出含有 1 到 6 个波节的线型驻波，如图 4.12-2 所示。

图 4.12-2　弦线上的驻波演示实验

2. 自由端反射的线型驻波

将长 20cm 的弹簧片（或锯条）固定在振动源的振动杆上，然后将振动源侧放，如图 4.12-3 所示，此时弹簧片在竖直位置。接通电路，旋转频率旋钮改变频率，就可在弹簧片上产生驻波。如果是全波反射，反射点就是波腹。我们的实验一般不是理想情况，所以反射点的振幅较大，虽不是波腹，但也接近于波腹。

3. 环形驻波

如图 4.12-4 所示，把钢丝变成一个圆形后，将两端固定在喇叭振源上。接通电路，调节频率旋钮和功率旋钮，从钢丝左端和右端传来的振动在钢丝内叠加，当调节到圆周长等于半波长的整数倍时，则在圆环上形成有 3 个或 5 个波节的环形驻波。

4. 从固定端反射的纵驻波

如图 4.12-5 所示，将长度为 10cm 的软弹簧的两端分别固定在三角支架和振动源的振动杆上，使弹簧拉长到 60cm 左右，再接通电路，细心调节振动频率和输出功率，就可在弹簧中产生驻波。可看到弹簧某些地方固定不动，某些地方振动很大而变得模糊不清。

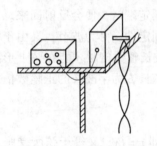 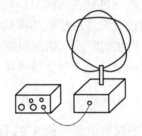 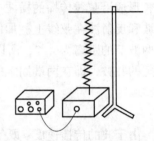

图 4.12-3　钢片上的驻波　　　图 4.12-4　圆环上的驻波　　　图 4.12-5　弹簧上的纵驻波

实验 4.13　环　驻　波

【实验目的】

通过观察圆环上的驻波，加深对其形成条件的理解。

【实验装置】

调频调压电源和振动源，振动棒上固定着一个竖直方向的钢丝圆环，如图 4.13-1 所示。

【实验原理】

两列振幅相同的相干波在同一直线上沿相反方向传播时互相叠加而成驻波。产生驻波的条件有三个，即两列相干波、振幅相同和以相同的速率在同一直线上沿相反方向传播。驻波中既没有相位的空间移动，也没有能量的定向传播。

驻波在生活中的应用有很多，各种乐器，包括弦乐器、管乐器和打击乐器，都是由于产生驻波而发声的。为得到最强的驻

图 4.13-1　环驻波演示装置

波，弦或管内空气柱的长度 L 必须等于半波长的整数倍，即 $L = n\dfrac{\lambda}{2}$，$n = 1$，2，$3\cdots$，式中 n 为整数，λ 为波长。

把长度为 L 的弦弯成圆环，则当 L 等于半波长的整数倍时在圆环上也形成驻波。

本实验是利用振子端点反射的波与该点传出的入射波在环上叠加形成驻波。通过改变入射波长（改变信号源的频率），可以形成不同波长的驻波。

【实验步骤】

1. 首先将信号源控制振幅的电压输出调至最低，打开电源。
2. 适当增大电压值至环平稳振动，然后调节频率旋钮，直到出现环驻波。
3. 缓慢改变信号源的频率，使环上出现不同个数的波腹与波节，并使之保持稳定。如果波腹的幅度小，可适当调高电压。
4. 重复步骤 2、3，多次进行观察。

【注意事项】

1. 实验中输出电压不能太高，每次变化不能太大。
2. 为达到最佳效果，频率与电压需交替配合调整，变化要缓慢。

实验 4. 14　弹簧纵驻波

【实验目的】

演示波在弹簧上传播、反射和形成纵驻波的现象，加深对驻波的了解。

【实验装置】

如图 4. 14-1 所示，信号源调节范围：频率调节为 20 ~ 300Hz；振幅调节为 0 ~ 10V。

【实验原理】

弹簧上的纵波传播到固定端时被反射，当振动频率满足一定条件时，反射波与入射波叠加形成驻波。本实验观察到的是纵驻波，波节处弹簧保持不动，波腹处沿弹簧方向有最大的振幅，可以看到波节处弹簧各圈相对密集，波腹处弹簧各圈相对稀疏。

图 4. 14-1　弹簧纵驻波
演示装置

【实验步骤】

1. 缓慢调节频率，直到弹簧上呈现明显的波腹和波节，即形成纵驻波。此时再适当增大电压（即调节振幅），现象更为显著。
2. 缓慢改变频率，直到再次出现明显的波腹和波节。如果频率增高波长将变短，频率降低则波长变长。

3. 结束实验，将频率和电压调至最低，关闭电源。

【注意事项】

1. 开机前，先将电压调节旋钮逆时针旋到底，预防开机后电压过大而造成的弹簧振动过大。

2. 当调节频率时，注意观察电压值，并配合调节，避免弹簧振动过大或过小而影响实验效果。

3. 注意每次调节电压一般不要超过 0.5V，电压不要过高，能演示出驻波现象即可。

实验 4.15　声驻波（昆特管）

【实验目的】

演示声驻波的现象和产生原理。

【实验装置】

昆特管、信号发生器，如图 4.15-1 所示。

【实验原理】

图 4.15-1　昆特管演示装置

声波是一种纵波。当信号源发出的声波在一根有机玻璃管子中传播，到达管子的端面被反射回来时，向前传播的声波和反射回来向后传播的声波发生干涉就会形成驻波。

在通常情况下，空气中的声波即便形成了驻波，我们的眼睛也看不到。为了把声驻波形象地展示出来，就在管中放入许多泡沫塑料颗粒，这些小颗粒的质量非常小，当管中声驻波形成后，波腹和波节处空气密度不同，波腹处的小颗粒振动最为激烈，振幅最大；波节处的振幅最小，几乎不振。由此通过小颗粒有规律的振幅分布就能形象化地显示出声驻波。根据声音的频率和波长还可以算出声音传播的速度。

【实验步骤】

1. 把昆特管水平放置，将昆特管信号发生器的输出端与昆特管上的喇叭相连接。

2. 打开信号源电源开关，适当调整信号频率，使昆特管中的气流形成驻波，这时可以看到管中的泡沫颗粒振动出现周期性的变化，在波腹处的振动最为激烈，波节处的振动则很小几乎停顿。

3. 调整信号频率可以在管中形成 1~3 个驻波。

【注意事项】

昆特管信号发生器的输出信号不要调得太强，以免损坏喇叭和对环境产生噪声。在演示时只要能达到演示目的就可以了。

实验 4.16 鱼洗

【实验目的】

用鱼洗演示一种自激共振现象。

【实验装置】

用青铜制成的鱼洗，盆沿上装有两个把手，叫作"洗耳"，如图 4.16-1 所示。

图 4.16-1 鱼洗

【实验原理】

用手摩擦"洗耳"时，鱼洗会随着摩擦力的作用而产生振动。当摩擦力引起的振动频率和鱼洗壁的固有频率相等或接近时，鱼洗壁产生共振，振动幅度急剧增大。但由于鱼洗盆底的限制，使它所产生的波动不能向外传播，于是在鱼洗壁上入射波与反射波相互叠加而形成驻波。用手摩擦一个圆盆形的物体，最容易产生一个数值较低的共振频率，也就是由四个波腹和四个波节组成的振动形态，鱼洗壁上四个波腹（振幅最大处）会立即激荡水面，将附近的水激出水花，形成水花四溅的景象。有意识地在鱼洗壁上的四个振幅最大处铸上四条鱼，水花就像从鱼口里喷出的一样，故称之为"鱼洗"。

【实验步骤】

1. 把"鱼洗"盆中放入适量水。

2. 用干净的双手手掌轻轻沾一些水，然后去摩擦鱼洗"洗耳"的顶部。随着双手同步地摩擦，鱼洗盆会发出悦耳的蜂鸣声，水珠从盆壁上四个对称的部位喷出。当声音大到一定程度时，就会有水花四溅。

3. 继续用手摩擦"洗耳"，当试着找到合适的摩擦力度和频率时，就会使水花喷溅得很高，就像鱼喷水一样有趣。

实验 4.17 克拉尼图形

【实验目的】

了解克拉尼图形，展示二维声驻波波形。

【实验装置】

图 4.17-1 为克拉尼板装置。把压电陶瓷片贴在板下，压电陶瓷片与低频正弦波信号发生器连接，在板上放上细砂。通电后，压电陶瓷片使板振动，在波腹上细砂上下振动，因此在

图 4.17-1 克拉尼板装置

这个地方不可能有细砂存在，而都聚集在没有振动的波节上，形成克拉尼图形。

【实验原理】

克拉尼（Chladni，Ernst Florens Friedrich）是德国物理学家，1756 年 11 月 30 日生于萨克森的维滕贝格，1827 年 4 月 3 日卒于西里西亚（现波兰的弗罗茨瓦夫）的布雷斯劳。克拉尼原来是学法律的，1782 年毕业于莱比锡大学。他的兴趣是在科学方面。由于他对音乐感兴趣，所以他于 1786 年开始从数学方面研究声波，他是算出有关声音传播的数量关系的第一人，因此被誉为声学之父。

克拉尼做过一个实验，他在一个小提琴上安放一块较宽的金属薄片，在上面均匀地撒上沙子，然后开始用琴弓拉小提琴，使金属薄片以复杂的方式振动，薄片上有一些部分（波节线）保持不动，因此留住了由附近振动区域抖来的沙子。结果这些细沙排列成对称的美丽图案，并随着琴弦拉出的曲调不同和频率的不断增加，图案也不断变幻和越趋复杂——这就是著名的克拉尼图形。由此能做出有关振动的许多推断。1809 年，这种图形在巴黎一个科学家集会上展出时强烈地吸引了观众。

克拉尼图形现在常用在电声乐器如小提琴、吉他和大提琴的设计和施工上。20 世纪以来，用于电子信号发生器，实现了更精确的可调频率驱动的扬声器。

【实验步骤】

1. 观察克拉尼图形：用压电陶瓷片贴在板下，并固定。在板上均匀地撒上细砂，将信号发生器的输出衰减旋钮旋至 5kΩ 档，并打开信号发生器，由低到高调节信号发生器输出频率。当出现稳定克拉尼图形时，记下此时的频率。

2. 用刷子刷去板上细砂的图形，继续增加信号发生器的输出频率，测出出现各种克拉尼图形时所对应的频率。

3. 写出出现克拉尼图形的频率范围。

实验 4.18　大型混沌摆

【实验目的】

通过混沌摆的演示可帮助理解受初始条件影响的混沌现象及其原理。

【实验装置】

大型混沌摆演示装置如图 4.18-1 所示。

【实验原理】

一个运动体系（本展品为一个主摆和三个副摆）的运动状态由起动时的初始条件（主、副摆的初始位置和起动速度）所决定。

图 4.18-1　大型混沌摆

单摆的运动很容易预测，但右边这个大摆有三个小摆与之相连，其中每个摆都会影响其他摆的运动，因而使整个运动混沌无序，无法预测，你不可能以绝对相同的方式摆动它们，每次摆动它们时的极微小差异都会使它们后来的运动发生巨大的变化。正所谓"失之毫厘，谬之千里"。对起始条件的极端敏感性是混沌摆系统的一个特征。

【实验步骤】

旋转混沌摆中心处的铜把手，观察摆臂的运动和混沌产生过程中相空间的角位移和角速度的变化，观察初始状态的差异对整个系统运动的影响，证实混沌对初始条件的敏感性。

【注意事项】

由于混沌摆较重，需要多用一点力旋动混沌摆中心处的铜把手，才能使其摆动起来。

实验 4.19　孤　波

【实验目的】

1. 了解孤波的形成原理。
2. 演示、观察孤波。

【实验装置】

孤波演示仪，如图 4.19-1 所示。

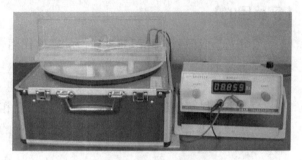

【实验原理】

图 4.19-1　孤波演示仪

孤波是在水面上传播的一个孤立的波峰，在传播过程中其形状保持不变。这与一般的水波很不相同。由于色散，一般的水波在传播过程中，波形会逐渐弥散而消失。

孤波是在介质对大振幅波的非线性效应以及介质的色散效应的共同影响下所形成的一种特殊的波。介质的色散使叠加成脉冲的各个不同频率的简谐成分具有不同的传播速度，从而导致孤立的脉冲在传播过程中变形；介质的非线性效应使脉冲中低频成分的能量向高频成分转移，结果也导致孤立脉冲在传播过程中变形。在一定条件下，当色散效应和非线性效应所产生的影响相互抵消时，波峰的形状在传播过程中保持不变，便形成了孤波。

【实验步骤】

打开函数发生器电源开关，慢慢调节频率至有机玻璃水槽中出现孤波，波形选用正弦波。

【注意事项】

孤波的形成条件较为严苛，调节频率时要慢慢地调，以免错过形成孤波时的频率。

第 5 章

光　学

实验 5.1　双曲面镜成像

【实验目的】

了解光学成像原理和凹面反射镜的聚焦作用。

【实验装置】

两个金属抛光面形成的凹面反射镜，凹面相对扣成光学碗，如图 5.1-1 所示。两个用于成像的玻璃小球。

【实验原理】

将两个凹面镜的凹面相对形成光学碗，实物（玻璃小球）放置于碗里面的底部，则将看到有两个玻璃小球在碗的顶部上面，伸手去抓，却是什么也没抓到。

根据光学成像原理可知，一个物体放置在凹面反光镜的二倍焦距附近，它的影像也在凹面反光镜

图 5.1-1　双曲面镜成像

的二倍焦距附近，这是凹面反光镜独有的光学特性。你看到的玻璃小球其实是玻璃小球的影像，实物玻璃小球放在光学碗的壳体里面，它通过一个大凹面反光镜成像在碗顶部的窗口外。凹面反光镜不但在焦距之外能成明亮看得见的物体影像，而且在焦距处有很好的聚集作用。因此，它广泛地应用在探照灯照明、太阳能利用及遥感无线和光学仪器中。

【实验步骤】

在不同的位置向双曲面镜扣成的光学碗看去，就会在一个合适的位置清晰地看到其顶端有玻璃小球，伸手去抓，却什么也抓不到。

实验 5.2　同自己握手

【实验目的】

了解凹面反射镜二倍焦距处的聚焦作用，学会找到二倍焦距点。

【实验装置】

凹面反光镜如图 5.2-1 所示。

【实验原理】

凹面反光镜可使物体反射的图像前后和左右同时反转。特别是当物体位于凹面反光镜光轴二倍焦距处时，反射的图像恰好与原物体等大且反转对称。因此，当您的手放在光轴二倍焦距处时，手的影像和手相接，很像在同自己握手。

【实验步骤】

借助一个凹面反光镜，把参与的观众作为表演者，表演者把一只手伸向凹面反光镜。

图 5.2-1　凹面反光镜

1. 当表演者站在镜前远近不同的位置时，可看到在不同距离位置时的成像效果。

2. 当表演者的手恰在光轴二倍焦距处时，会看到表演者手的影像和手相接，似在同自己握手。

【注意事项】

在演示过程中，不要用手触摸凹面反射镜，以免造成损坏。

实验 5.3　光 学 幻 影

【实验目的】

了解光学幻影仪的成像原理，提高学习兴趣。

【实验装置】

光学幻影演示装置主要由一块凹面镜、一块半透半反镜和转动着的花朵系统构成，外面加一个带有影像窗口的立地式箱罩，其外观上部如图 5.3-1 所示。

【实验原理】

光学幻影演示实验利用凹面反射镜成像原理，将实物投影

图 5.3-1　光学幻影演示装置

成一飘浮在空中的实像，十分醒目，引人入胜。

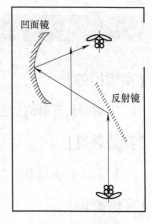

图 5.3-2　光路图

该装置产生光学幻影的光路图如图 5.3-2 所示，一枝含苞欲放的花朵直立在转轴上，在其上方与水平面成一定倾角安装了一面半透半反镜，该镜将照射在镜中的花朵反射到箱罩背板上的凹面反射镜上，于是在凹面反射镜的二倍焦距处就可以看到花朵的倒立实像了。

【实验步骤】

1. 打开电源开关，使幻影仪的出射窗口呈现幻像，看到一朵悬在空中转动着的美丽的红花，伸手触摸红花，发现并没有实物。

2. 进行观察：远离或靠近幻影仪的出射窗口，观察幻像有何变化。

【注意事项】

1. 小心轻放，以免损坏凹面镜。
2. 观察完毕后，注意关掉照明灯。

实验 5.4　窥 视 无 穷

【实验目的】

了解平面镜成像的特点、平面镜之间多次反射成像的规律及窥视无穷现象产生的原因。

【实验装置】

演示装置如图 5.4-1 所示。

【实验原理】

"窥视无穷"是由一个物体在两个相互平行的平面镜之间经过反复多次反射后在人眼中形成的许许多多虚像的叠加，其光路原理图如图 5.4-2 所示：

图 5.4-1　窥视无穷

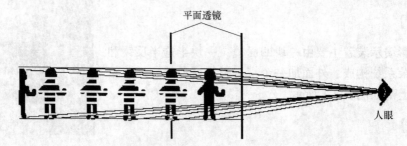

图 5.4-2　窥视无穷光路图

光线在两面平行放置的平面镜之间多次反射，形成一连串的镜像，第一次反射形成的是物的像，以后就是像的像，……由于镜面反射光总是弱于入射光（有一少部分入射光被吸收），所以这种反射不是无限次的（反射的次数越多，像就越暗、越模糊）。而且，每反射一次，像与镜的距离就扩大一倍，因此，形成的像就组成了一条像的长廊。由于远小近大的透视原理，所以看起来像就越来越小，像与像的间距也就越来越小，使人觉得两镜之间无限深远。前面的镜子是半透半反镜，因此就有一半的反射光线透射出来，很容易看出多次反射形成的像的长廊。

【实验步骤】

打开仪器电源开关，使仪器内的物体被灯光照亮，即可观察到有趣的"窥视无穷"现象。

实验 5.5　大型金字塔 360°幻影

【实验目的】

了解 360°幻影成像系统的构成、幻影成像原理，学习一种用三维模型影像展示实物的技术。

【实验装置】

大型金字塔 360°幻影是由透明材料制成的四面锥体，锥体上方水平安置了画面向下的液晶显示屏，锥体下方有视频播放设备。观众的视线能从锥体的任何一面穿透，看到锥形空间里自由飘浮的影像和图形，如图 5.5-1 所示。

【实验原理】

360°幻影成像系统是一项新颖的多媒体演示系统，具有三维空间成像的功能。360°幻影成像是近年来在国际上兴起的一种新型展示技术，该技术可以使立体影像不借助任何屏幕或介质而直接悬浮在设备外的自由空间，并且在 360°的任意角度看都是三维影像展现。这种展示手段打破常规的实物展示手段，立体影像的清晰度及色彩还真度高，立体感强，因此非常逼真，可以给观众以新奇、玄妙的视觉冲击，激发观众的探究欲，并可以起到聚集现场人气、加深参观者印象、提高展示物知名度的作用。

图 5.5-1　360°幻影仪演示装置

多维图像 360°幻影成像原理：

该系统是基于"分光镜成像"的光学原理，将实际的三维视频播放源通过特殊的光学镜反射，在空气中形成虚拟的三维景象，以宽银幕的环境、场景模型和灯光的转换，给人以视觉上的冲击。其影像若隐若现、虚幻莫测，非常直观，能迅速吸引观众的眼球。该系统由柜体、分光镜、射灯、视频播放设备组成，基于分光镜成像原理，通过对物体实拍构建三维模型的特殊处理，然后把拍摄的物体影像或物体三维模型影像叠加进场景中，构成了动静结合的物体展示系统，最终向观众展示融入实景的物体模型幻影成像效果。

【实验步骤】

打开仪器电源开关，等候 1～3min，即可观察到锥形空间里自由飘浮的影像了。

实验5.6　光 学 分 形

【实验目的】

了解分形的基本概念和特征。

【实验装置】

实验仪器和演示现象如图 5.6-1 所示。

【实验原理】

"分形"一词译于英文 Fractal，系分形几何的创始人曼德尔布罗特（B. B. Mandelbrot）于 1975 年由拉丁语 Frangere 一词创造而成，词本身具有"破碎""不规则"等含义。Mandelbrot 研究中最精彩的部分是 1980 年他发现的并以他的名字命名的集合。他发现，整个宇宙以一种出人意料的方式构成自相似的结构。分形是一种具有自相似特性的现象、图像或者物理过程。在分形中，每一组成部分都在特征上和整体相似。除自相似性以外，分形具有的另一个普遍特征是具有无限的细致性，即无论放大多少倍，图像的复杂性依然丝毫不会减少。但是，每次放大的图形却并不和原来的图形完全相似，即分形并不要求具有完全的自相似特性。

图 5.6-1　光学分形演示现象

微积分中抽象出来的光滑曲线在我们的生活中是不存在的。用数学方法对放大区域进行着色处理，这些区域就变成一幅幅精美的艺术图案，这些艺术图案人们称之为"分形艺术"。分形艺术以一种全新的艺术风格展示给人们，使人们认识到该艺术和传统艺术一样具有和谐、对称等特征的美学标准。这里值得一提的是对称特征，分形的对称性即表现了传统几何的上下、左右及中心对称。同时，它的自相似性又揭示了一种新的对称性，即画面的局部与更大范围的局部的对称，或说局部与整体的对称。这种对称不同于欧几里德几何的对称，而是大小比例的对称，即系统中的每一元素都反映和含有整个系统的性质和信息。

分形诞生在以多种概念和方法相互冲击和融合为特征的当代。分形混沌之旋风横扫数学、理化、生物、大气、海洋以至社会学科，在音乐、美术间也产生了一定的影响。分形所呈现的无穷玄机和美感引发人们去探索。即使您不懂得其中深奥的数学哲理，也会为之感动。分形使人们感悟到科学与艺术的融合，数学与艺术审美上的统一，使昨日枯燥的数学不再仅仅是抽象的哲理，而是具体的感受；不再仅仅是揭示一类存在，而是一种艺术创作，分形搭起了科学与艺术的桥梁。

"分形艺术"与普通"电脑绘画"不同。普通的"电脑绘画"概念是用电脑为工具从事美术创作，创作者要有很深的美术功底。而"分形艺术"是纯数学产物，创作者要有很深的数学功底，此外还要有熟练的编程技能。

本实验利用互成一定角度的多个反射镜对同一个图案进行多次反射，构成一个复杂图像，体现分形的基本概念。

【实验步骤】

打开仪器电源开关，等候片刻，即可观察到由多个相同图案构成的半球形图像。

实验 5.7 光 岛

【实验目的】

通过演示，学生可以了解光线通过各种光学器件时光路的变化情况。

【实验装置】

反射镜（若干个）、曲面镜、正透镜和负透镜、棱镜和衍射光栅、箱式岛。

【实验原理】

光岛（见图 5.7-1）是一个引人入胜的展项。光源如同一海岛立于实验台之中心，发出各种可供实验的光束，故名光岛。该演示仪器主要演示几何光学中的各种实验内容，观众仅利用廉价的镜子、滤色片、棱镜及有机玻璃透镜就可以进行许多有关光学知识的游戏。比如，观察反射、折射、色彩混合和分解，以及其他的光学现象。

图 5.7-1 光岛演示仪器

本演示仪器采用激光光源，光源被置于圆桶形屏蔽罩内。屏蔽罩上开有三条宽度 2.5mm 的通光缝，可使多束光通过。光透过各种几何形状的光学器件，然后再投影在屏幕上，在此过程中可以观察光路经过透镜界面时的变化，还可以演示出平面镜、透镜和棱镜作用下的光束反射、弯曲和光线的混合原理。学生可以动手参与实验，进行相应的研究。

【实验步骤】

实验前先调整仪器底座水平，使光岛中心的光源打开，于是从光岛中心向四周就射出各种单缝、多缝的光束来，把各种几何透镜的模型放在这些光束前面，就可以观察光束通过各式透镜时光路的变化情况了。

【注意事项】

光学透镜易碎，注意爱护。

实验5.8　菲涅耳透镜

【实验目的】

观察菲涅耳透镜所成的像，了解菲涅耳透镜成像的原理。

【实验装置】

带有支架的菲涅耳透镜如图5.8-1所示。

【实验原理】

菲涅耳透镜又称阶梯透镜，即由"阶梯"形不连续表面组成的透镜。"阶梯"由一系列同心圆环状带区构成，又称环带透镜。通过菲涅耳透镜观察远处的物体，则物体的像是倒立的，而观察近处的物体时会产生放大效果。此成像的效应类似于普通的凸透镜。

【实验步骤】

一个人站在菲涅耳透镜后面，另一个人则站在菲涅耳透镜前面，可以观察到放大的人物的虚像。

【注意事项】

图5.8-1　菲涅耳透镜

1. 镜子易碎，注意保护。
2. 支架底边容易绊脚，请多加小心。
3. 当观察像时，两个人都要先移动着找到焦点位置。

实验5.9　双缝干涉

【实验目的】

通过对光的双缝干涉现象的观察，了解杨氏双缝干涉实验的原理，理解光的波动性。

【实验装置】

固体激光器、双缝片、光具夹、光具座，如图5.9-1所示。

图5.9-1　双缝干涉实验装置

【实验原理】

一束光波照射在两个平行的、间距很小的狭缝上，根据惠更斯原理，这两个缝成为发射子波的波源，由它们发出的两束光是相干光，这两束相干光在双狭缝后面的区域中相遇时即产生干涉现象，这就是物理学中著名的杨氏双缝干涉实验的基本原理。在双缝后面放一观察屏即可观察到干涉图样。

杨氏双缝干涉实验的光路图如图 5.9-2 所示，由此可以得出两束相干光在相遇点 P 的光程差为

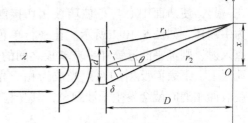

$$\delta = r_2 - r_1 \qquad (5.9\text{-}1)$$

在实验通常满足的 $D \gg d$，$D \gg x$，即 θ 很小的情况下，有

$$\delta = r_2 - r_1 \approx d\sin\theta \approx d\tan\theta = \frac{xd}{D}$$

图 5.9-2 双缝干涉原理

由干涉条纹的明、暗纹条件，又有

$$\delta = \frac{d}{D}x = \begin{cases} \pm k\lambda, & k = 0,1,2,\cdots \quad 明条纹 \\ \pm(2k+1)\dfrac{\lambda}{2}, & k = 0,1,2,\cdots \quad 暗条纹 \end{cases}$$

式中，d 为两缝间距；D 为两缝到观察屏的距离；λ 为入射光波长；k 称为条纹级次。于是可得双缝干涉的条纹间距为

$$\Delta x = \frac{D\lambda}{d} \qquad (5.9\text{-}2)$$

由式（5.9-2）可知，条纹间距与两缝间距成反比，与双缝到观察屏的距离成正比，与入射光的波长成正比。在实验中改变两缝的间距或者改变双缝到观察屏的距离，就可以在屏幕上观察到条纹间距的变化。如果使用白光光源，因白光里包含红橙黄绿青蓝紫等各种不同波长的光，则干涉条纹成为彩色条纹。

【实验步骤】

1. 将双缝片用光具夹放到光具座上。

2. 打开激光器电源，使激光光束水平照射到双狭缝上，在观察屏或激光器对面的白墙上观察干涉图样。

3. 换用两缝间距不同的双缝片再用同样方法做实验。

实验 5.10 牛 顿 环

【实验目的】

通过对牛顿环干涉图样的观察和测量，理解光的等厚干涉，掌握牛顿环干涉的规律，学会测量平凸透镜的凸面半径。

【实验装置】

牛顿环、钠光灯、读数显微镜，如图5.10-1所示。

【实验原理】

将一块凸面曲率半径较大的平凸透镜与一块平玻璃板叠合在一起，使凸面中心与平玻璃板相切接触，这样构成的装置称为牛顿环，如图5.10-2所示。让平行单色光从牛顿环的上方垂直入射，则经平凸透镜和平玻璃板之间的介质（如空气或水等）薄层上、下表面反射的两束光成为相干光，这两束相干光在透镜表面相遇时就会发生干涉现象，其光程差为

$$\delta = 2ne + \frac{\lambda}{2} \qquad (5.10\text{-}1)$$

图5.10-1 牛顿环实验装置

式中，e 为介质膜的厚度；n 为介质的折射率；λ 为入射光在真空中的波长，$\lambda/2$ 是附加光程差，它是由于光在光密介质面上反射时产生的半波损失而引起的。

根据光的干涉明、暗条纹条件

$$\delta = \begin{cases} \pm k\lambda, & k = 0,1,2,\cdots \quad 明条纹 \\ \pm(2k+1)\dfrac{\lambda}{2}, & k = 0,1,2,\cdots \quad 暗条纹 \end{cases}$$

可知：介质膜厚度相同的地方反射的光形成同一级条纹。这种干涉称为等厚干涉。由于在牛顿环实验中，与介质膜厚度相同处对应的各点处在以凸面中心 O 点为圆心的同一个圆周上，所以干涉图样是一组以接触点为中心的明暗相间的同心圆环，如图5.10-3所示，也称这一干涉图样为牛顿环。

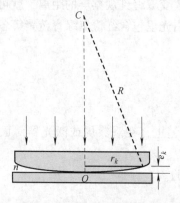

图5.10-2 牛顿环干涉原理

图5.10-3 牛顿环干涉图样

设第 k 级暗环的半径为 r_k，对应的介质膜厚度为 e_k，平凸透镜的凸面半径为 R，由它们之间的几何关系（见图5.10-2），可得

$$r_k^2 = R^2 - (R - e_k)^2 = 2e_k R - e_k^2$$

因为 $e_k << R$，所以 $r_k^2 \approx 2e_k R$，将此式代入暗条纹公式

$$2ne_k = k\lambda, \quad k = 0,1,2,\cdots \quad 暗条纹$$

即得

$$r_k = \sqrt{\frac{kR\lambda}{n}}, k = 0, 1, 2\cdots \qquad (5.10\text{-}2)$$

在通常情况下，介质层为空气，即 $n = 1$，则由式（5.10-2）可知，若测出第 k 级暗环的半径 r_k，且单色光的波长 λ 为已知，就能算出球面的曲率半径 R。但在实验中由于机械压力引起的形变以及玻璃表面上可能存在的微小尘埃，使得凸面和平面接触处不可能是一个理想的点，而是一个不很规则的圆斑。另外，由于干涉圆环内疏外密，离中心越远，光程差增加越快，干涉条纹越密，所以很难准确测出 r_k 的值。比较简单的方法是测量距中心较远处的干涉环直径。例如，当测得较远的第 k 级和第 $k + m$ 级的暗环直径分别为 D_k 和 D_{k+m} 时，由 $r_k^2 = kR\lambda$ 得 $r_{k+m}^2 - r_k^2 = mR\lambda$，$D_{k+m}^2 - D_k^2 = 4mR\lambda$，于是

$$R = \frac{D_{k+m}^2 - D_k^2}{4m\lambda} \qquad (5.10\text{-}3)$$

【实验步骤】

1. 打开钠光灯电源开关，预热 10min。
2. 将牛顿环放在读数显微镜镜头下，用弹簧片压好。
3. 调节镜筒下端的半透半反小镜至与水平面成 45°角，从显微镜中看到一片明亮的黄光。
4. 转动鼓轮手柄来移动镜筒并调节显微镜焦距，直至在显微镜中看到一组清晰的黄、黑相间的圆环。
5. 测量某一明环或暗环的直径可求得牛顿环平凸透镜的凸面半径。

实验 5.11　台帘式皂膜

【实验目的】

观察肥皂膜对光的干涉现象和液体的表面张力现象，了解用分振幅法获得相干光的原理和方法。

【实验装置】

带射灯的肥皂液槽、调配好的肥皂液、五个不同形状的几何模型杆，如图 5.11-1 所示。

【实验原理】

在本装置中，把几何模型杆浸入肥皂液中后再将杆拉起，由于液体表面张力的作用，就会拉出相应几何图型的肥皂膜来。当光照射在肥皂薄膜上时，将在其前后两个面发生反射。由于肥皂膜有一定厚度，所以两束反射光间就会存在一定的光程差，如图 5.11-2

图 5.11-1　肥皂膜干涉装置

所示。设肥皂膜的厚度为 d，光的入射角为 ϕ，折射角为 ϕ'，则 1、2 两束光的光程差为

$$\Delta = \frac{2d}{\cos\phi'} + \frac{\lambda}{2} \qquad (5.11\text{-}1)$$

当 $\Delta = n\lambda$，$n = 1$，2，3… 时，这两束光的干涉就会产生相互增强的亮条纹；当 $\Delta = (n + 1/2)\lambda$ 时，两束光干涉就会产生相互抵消的暗条纹。由于受重力作用，肥皂膜上下的厚度 d 不一样，越往下面 d 越厚，所以在不同厚度的地方对应能产生明亮干涉条纹的光波长也不一样。当用白光照射肥皂膜时，可以发现紫色的干涉条纹在上，红色的干涉条纹在下，这是因为肥皂膜的上部比较薄，紫光波长较短，首先满足干涉加强条件，而肥皂膜下部较厚，红光的波长也较长，因而后满足干涉条件。

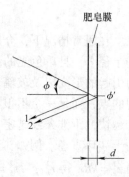

图 5.11-2　薄膜干涉光路

在薄膜干涉中，是由薄膜前后两个表面的反射从一束入射光分出了两束相干光，所以称之为分振幅法获得相干光。

【实验步骤】

1. 将一个几何模型浸入浓肥皂液中，再把模型拉出，使模型中形成一几何模型肥皂膜。
2. 将自然光照在肥皂膜上，即可从肥皂膜的反射光中看到彩色的干涉条纹，并且紫光在上，红光在下。
3. 换用另一个几何模型重复 1、2 步骤，观察干涉条纹和皂膜的表面张力情况。

【注意事项】

为使肥皂膜拉起时不易破裂，肥皂液需稍浓一些，并且要避免被风吹。

实验 5.12　绿激光干涉综合演示

【实验目的】

观察激光束通过双缝、双棱镜、洛埃镜、牛顿环、劈尖等产生的干涉现象，加深对光的干涉原理及干涉类型的理解。

【实验装置】

激光器、导轨、双缝、双棱镜、洛埃镜、劈尖、牛顿环等，如图 5.12-1 所示。

图 5.12-1　光的干涉综合演示实验装置

【实验原理】

如图 5.12-2 所示，菲涅耳双棱镜（简称双棱镜）实际上是一个顶角角度非常大（接近 180°）的等腰三棱镜，它是由两个楔角很小的直角三棱镜组成，故名双棱镜。当一个单色点光源 S 发出的光入射到双棱镜时，通过上半个棱镜的光束向下偏折，形成一个虚光源 S_1；通过下半个棱镜的光束向上偏折，形成另一个虚光源 S_2。这两个虚光源就相当于杨氏双缝干涉实验中的双缝，是相干光源，于是可以在屏上观察到干涉条纹。

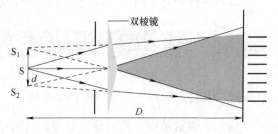

图 5.12-2 菲涅耳双棱镜实验光路图

如图 5.12-3 所示，洛埃镜是由一块普通的平板玻璃构成的平面反射镜。将一个单色点光源 S_1 发出的光以较大的入射角（接近 90°）射向洛埃镜，经洛埃镜反射的光看上去像是从虚光源 S_2 发出的，实光源 S_1 和虚光源 S_2 如同杨氏双缝干涉实验中的双缝，构成了相干光源，于是可以在屏上观察到干涉条纹。与双缝干涉和菲涅耳双棱镜干涉不同的是，洛埃镜干涉的条纹只在洛埃镜延长线与观察屏交点的一侧出现，而不是在两侧对称出现。

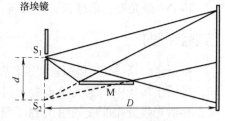

图 5.12-3 洛埃镜实验光路图

双缝、双棱镜和洛埃镜是用分波面法来获得相干光从而实现干涉。劈尖、牛顿环则是利用两种透明媒质的分界面对入射光的反射和折射，把入射光的振幅分为两部分从而实现了分振幅干涉。

劈尖就是顶角非常小（$\theta \approx 10^{-4} \sim 10^{-5}$ rad）的楔形介质薄膜，如图 5.12-4 所示。当平行单色光垂直入射到劈尖上时，由尖劈形薄膜上下两个表面反射的反射光 1 和反射光 2 成为相干光，由此产生的干涉条纹呈现在劈尖的表面。石英劈尖的干涉如图 5.12-5 所示。

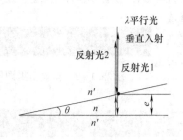

图 5.12-4 劈尖干涉光路图

图 5.12-5 石英劈尖的干涉

【实验步骤】

1. 将双棱镜装在光具夹上，调整好位置。

2. 打开激光电源开关，使光束垂直照射在双棱镜上。观察屏上的干涉条纹，并分析它们产生的原因。

3. 分别用双缝、洛埃镜、劈尖、牛顿环替代双棱镜重复步骤 1、2。

【注意事项】

请勿将激光对准眼睛，以免对眼睛造成伤害。

实验 5.13　单缝夫琅禾费衍射

【实验目的】

演示、观察单缝夫琅禾费衍射现象和图样，理解缝宽和波长对衍射的影响。

【实验装置】

He-Ne 激光器、单缝板、光具座。

【实验原理】

根据惠更斯-菲涅耳原理，用波带法计算通过单狭缝的波阵面发出的所有子波的相干叠加，可得干涉场中单缝夫琅禾费衍射的光强分布，相对光强分布曲线如图 5.13-1 所示，图样中央明条纹的角宽度 $\theta = 2\lambda/a$，与入射光波长 λ 成正比，与单缝的宽度 a 成反比。当 $(\lambda/a) \rightarrow 0$ 时，衍射条纹消失，观察屏上只有与缝正对着的一条亮带。所以说，几何光学是波动光学在 $(\lambda/a) \rightarrow 0$ 时的极限。

图 5.13-1　单缝衍射的（相对）光强分布曲线

【实验步骤】

将单缝板固定到光具座上，摆正光具座，打开激光器电源，使激光对准狭缝，旋转单缝板上的调缝螺钉以调整缝宽，使缝宽从较宽逐渐变窄或由窄逐渐变宽，在光屏或白墙上观察衍射图样随缝宽变化而变化的情况，就可找到出现衍射现象的缝宽条件。单缝衍射图样如图 5.13-2 所示。

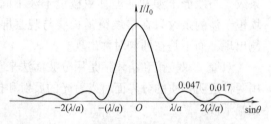

图 5.13-2　单缝衍射图样

实验 5.14　圆孔夫琅禾费衍射

【实验目的】

演示、观察圆孔夫琅禾费衍射现象和图样，理解孔径和波长对圆孔衍射的影响。

【实验装置】

He-Ne 激光器、圆孔衍射屏、光具座。

其中圆孔衍射屏的结构是：一个开着多个不同直径圆孔的圆盘，其中心固定在另一块矩形板上，矩形板的中心处有一个直径为 5 mm 的圆孔。当圆盘转动时，它上面的各个圆孔可依次与矩形板中心处的圆孔对正，如图 5.14-1 所示。

图 5.14-1 圆孔衍射屏

【实验原理】

与单缝夫琅禾费衍射相似，根据惠更斯-菲涅耳原理，用波带法计算通过圆孔的波阵面发出的所有子波的相干叠加，可得干涉场中圆孔夫琅禾费衍射的光强分布，相对光强分布曲线如图 5.14-2 所示，圆孔夫琅禾费衍射的中央亮斑（称为**爱里斑**）的角半径为

$$\theta = 1.22 \frac{\lambda}{D} \tag{5.14-1}$$

衍射圆孔的直径 D 越小，爱里斑越大，衍射现象越明显。

【实验步骤】

将圆孔衍射屏固定到光具座上，使激光束对准矩形板中心处的圆孔，转动圆孔衍射屏上的圆盘，当通光的孔径较大时，观察不到衍射；换较小的圆孔（孔径 $d < 1$ mm）时即可观察到衍射现象，衍射图样如图 5.14-3 所示。

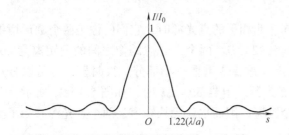

图 5.14-2 圆孔衍射的（相对）光强分布曲线

图 5.14-3 圆孔衍射图样

【注意事项】

请勿将激光对准眼睛，以免对眼睛造成伤害。

实验 5.15 光学仪器的分辨本领

【实验目的】

观察望远镜的成像，理解光学仪器的分辨本领。

【实验装置】

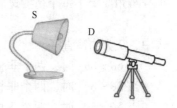

图 5.15-1 望远镜系统

该实验装置如图 5.15-1 所示，系统由三部分组成：

1. 五对非相干点光源 S，由荧光灯（220V，30W）照亮五对小孔，小孔直径 1.5mm，五对小孔中心距分别为 1.8mm，2.0mm，2.5mm，3.5mm，7.5mm。

2. 望远镜，放大倍数 6～10 倍。

3. 两个圆孔光阑 D，直径分别为 1.2mm 和 2.0mm，可分别放置在望远镜物镜前面，用于代替调节物镜的孔径。

【实验原理】

由于光具有波动性，当光通过光学系统中的光阑、透镜等限制光波传播的光学元件时不可避免地要发生衍射，因而任何一个点状的物体经过光学系统并不能成为点像，而是在点像处形成一个有一定大小的衍射斑。当两个像斑发生重叠，且重叠到一定程度时，我们就无法分辨这是两个像，这就是所谓光学仪器的分辨本领问题。对光学仪器来说，分辨本领就是指仪器区分开相邻两个物点的像的能力，对于靠得很近的两个物点，仪器所成的两个像还能分辨得开，就说它的分辨本领高，反之则低。然而，实际的分辨本领是一个很复杂的问题，它涉及几何光学系统中的种种像差和缺陷，涉及被分辨的两个物点本身的强度和其他性质等。但这里只考虑理想情况下的分辨本领。从波动光学的角度来看，即使没有任何像差的理想成像系统，它的分辨本领也要受到衍射的限制。

光学仪器的分辨本领与哪些因素有关呢？由于各种光学仪器的镜头通常都是圆形的，例如望远镜、显微镜、照相机等的物镜以及人眼的瞳孔，所以可以根据圆孔的夫琅禾费衍射规律进行讨论。

当我们通过光学系统观察一对强度相同、非相干的点光源时，它们的像是两个圆形衍射斑（爱里斑），每个衍射斑的角半径为 $\Delta\theta = 1.22\lambda/D$，两个点光源的像之间的角距离为 $\delta\theta$，当 $\delta\theta > \Delta\theta$ 时，如图 5.15-2a 所示，两个像点不重叠或重叠一小部分。很明显，若可以分辨出这是两个圆斑，也就知道是两个非相干点光源。但当 $\delta\theta < \Delta\theta$ 时，如图 5.15-2c 所示，两个圆斑几乎完全重叠，这时就看不出是两个圆斑，因而也就无从知道是两个点光源。为了给光学仪器规定一个最小分辨角的标准，通常采用瑞利判据。该判据给出：当一个圆斑像的中心刚好落在另一个圆斑像的边缘（即第 1 级暗条纹）上时，两个像刚刚能够被分辨，如图 5.15-2b 所示。计算表明，当满足瑞利判据时，两圆斑重叠区的光强约为每个圆斑中心最亮处光强的 80%，一般人的眼睛刚刚能分辨这种光强差别。可见，光学仪器的最小分辨角应等于每个衍射斑的角半径，即

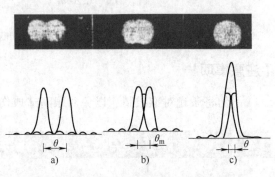

图 5.15-2 光学仪器两个像点位置

$$\delta\theta_m = 1.22\lambda/D$$

式中，D 为物镜直径。

当 $\delta\theta > \delta\theta_m$ 时，两个非相干点光源可分辨（见图 5.15-2a）；

当 $\delta\theta = \delta\theta_m$ 时，两个非相干点光源刚好可分辨（见图 5.15-2b）；

当 $\delta\theta < \delta\theta_m$ 时，两个非相干点光源不可分辨（见图 5.15-2c）。

将最小分辨角的倒数定义为光学仪器的分辨本领，通常用 R 表示，即

$$R = \frac{1}{\delta\theta_m} = \frac{D}{1.22\lambda} \qquad (5.15\text{-}1)$$

由此可知，为了提高分辨本领，在波长一定的情况下，必须加大物镜的直径，这就是天文望远镜的镜筒很粗、像个大炮筒的原因；而在物镜的直径一定的情况下，必须尽可能地使用波长更短的光波，例如，在用显微镜观察微小的物体时，物镜的直径大了是没有用的，所以通常是用可见光范围内波长最短的紫光光源。

【实验步骤】

1. 选择适当的位置放置好仪器。

2. 固定圆孔光阑 D，通过望远镜同时观察五对非相干点光源，比较五对圆孔衍射斑的分布及重叠情况，判断哪几对可分辨、刚可分辨、不可分辨。

3. 观察某对点源的像，同时更换圆孔光阑 D，改变其孔径大小，观察圆孔光阑孔径大小变化对分辨本领的影响，并判断 $\delta\theta_m$ 与孔径是否成反比关系。

实验 5.16　光 栅 衍 射

【实验目的】

演示、观察光栅衍射现象和图样，理解光栅方程，了解光栅光谱特点。

【实验装置】

He-Ne 激光器、多种光栅、光具座。

【实验原理】

一般而言，具有空间周期性的衍射屏都可以称为光栅，如图 5.16-1 所示。用金刚石尖在一块玻璃片上刻出许多等宽且等间距的平行刻线，就构成了一种透射光栅；在抛光的铝表面上刻出一系列等宽、等间隔的平行槽纹，就构成了一种反射光栅，称为闪耀光栅。此外，晶体内部周期性排列的原子或分子还构成了天然的三维光栅。

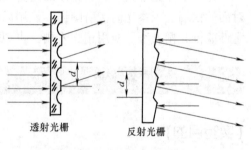

图 5.16-1　光栅示意图

考虑光栅的每条缝产生单缝夫琅禾费衍射，同时不同的缝之间产生多缝干涉，根据惠更斯-菲涅耳原理计算光的干涉，可得光栅衍射的光强分布公式为

$$I = I_0\left(\frac{\sin u}{u}\right)^2\left(\frac{\sin N\beta}{\sin\beta}\right)^2, \quad u = \frac{\pi}{\lambda}a\sin\theta, \quad \beta = \frac{\pi}{\lambda}d\sin\theta \qquad (5.16\text{-}1)$$

式中，d 是光栅常数；a 是每个透光缝的宽度。光栅衍射的光强分布曲线如图 5.16-2c 所示，图 5.16-2a 是各缝产生的单缝夫琅禾费衍射光强分布曲线，图 5.16-2b 是只考虑多缝干涉的光强分布曲线。

由式（5.16-1）求光强的极大值，可得到与之相应的决定光强极大值位置的光栅方程：

$d\sin\theta = k\lambda$。由此可知，当光栅常数 d 一定时，同一级谱线（k 相同）对应的衍射角 θ 随着波长 λ 的增大而增大。如果入射光里包含几种不同波长的光，则经光栅衍射后除零级外，各级主极大中波长不同的谱线位置不同，彼此分开，这就是色散现象，各种波长的同级谱线集合起来就构成了一套光谱。如果照射到光栅上的光是白光（含七色光），则光栅光谱中除零级是一白色谱线外，其他各级都形成彩色的光谱带。

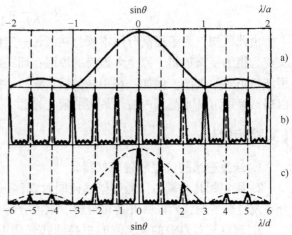

图 5.16-2　光栅衍射的光强分布曲线

光栅的分辨本领是指在某一级光谱中，将波长相近、波长差为 $\Delta\lambda$ 而中心波长为 λ 的两条谱线区分开来的能力，其定义为

$$R = \frac{\lambda}{\Delta\lambda} = kN \tag{5.16-2}$$

式中，N 是光栅的总缝数；k 是光谱级次。

由于电磁波与物质相互作用时，物质的状态会发生改变，伴随有发射和吸收能量的现象，所以关于物质的发射光谱和吸收光谱的研究已成为研究物质结构的重要手段之一。

【实验步骤】

将三个光栅常数不同的光栅的光栅板固定到光具座上，使激光束对准其中一个光栅，在对面的白墙上观察光栅衍射图样。换用另一块光栅常数不同的光栅，观察衍射图样的变化，定性验证光栅方程。换用正交光栅，再观察衍射图样。

实验 5.17　绿激光衍射综合演示

【实验目的】

通过对激光的单缝、圆孔、光栅衍射现象的观察，加深对光的衍射理论的理解。

【实验装置】

电源盒、绿光激光器、狭缝装置（含单缝和圆孔）、光栅、测量标尺等。实验装置图可参见图 5.12-1。

【实验原理】

如以上实验 5.13、实验 5.14 与实验 5.16 所述。

【实验步骤】

1. 将单缝板装在光具夹上，调整好位置。

2. 接通激光电源，使光束垂直照射在单缝上。观察屏上的衍射条纹，并分析它们产生的原因。

3. 改变缝的宽度，观察屏上衍射条纹的变化，分析原因。

4. 分别用圆孔、光栅替代单缝，重复步骤 1、2、3。

【注意事项】

请勿将激光对准眼睛，以免对眼睛造成伤害。

实验 5.18　迈克耳孙干涉仪

【实验目的】

了解迈克耳孙干涉仪的结构、原理，借助迈克耳孙干涉仪观察光的等倾干涉和等厚干涉现象。

【实验装置】

迈克耳孙干涉仪如图 5.18-1 所示，其结构示意图如图 5.18-2 所示。仪器主体包括：导轨 7 固定在稳定的底座上，由三个调平螺钉 9 支撑调平后，可以拧紧锁紧圈 10，以保持座架稳定，丝杆 6 的螺距为 1mm，转动粗动手轮 2 经一对传动比大约为 2∶1 的齿轮带动丝杆，使与丝杆吻合的可调螺母 4 旋转，通过防转挡块及顶块带动移动镜 11 在导轨面上滑动，实现粗动。移动距离的毫米数可在机体侧面的毫米刻尺 5 上读得，通过读数窗口，在刻度盘 3 上读到 0.01mm，转动微动手轮 1 经 1∶100 蜗轮付传动，微动手轮的最小读数值为 0.0001。移动镜 11 和参考镜 13 的倾角可分别用镜背后的三颗滚花螺钉 3 来调节，各螺钉的调节范围是有限度的，如果螺钉向后顶得过松，在移动时，可能因震动而使镜面有倾角变化，如果螺钉向前顶得太紧，致使条纹不规则，因此必须使螺钉在能对于干涉条纹有影响的范围内进行调节。在参考镜 13 附近有两个微调螺钉 14，垂直的螺钉使镜面干涉图像上下微动，水平螺钉则使干涉图像水平移动，丝杆和顶丝可通过滚花螺帽 8 来调整。仪器各部分活动环节要求转动轻便，弹性元件接触力适宜。为此，使用时各活动件必须定期加薄油（如中油），当使用完毕、需存放一段时期时，导轨丝杆面应上防锈油。由于结构上的原因，微动手轮正反空回，出厂时已经保证，如果出现不圆整、不规则现象，应检查分光板和补偿板之间相互是否平行，照明光是否处于视场内居中位置、是否与分光面成 15°等。实验中可调移动镜和参考镜粗微动螺钉来实现，以保证干涉条纹清晰。

图 5.18-1　迈克耳孙干涉仪

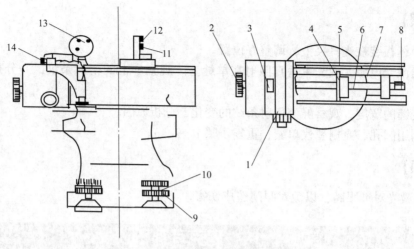

图 5.18-2　迈克耳孙干涉仪结构示意图

【实验原理】

　　本仪器是根据光的干涉原理制成的一种光学精密仪器，如图 5.18-3 所示。从光源 S 发出的一束光射向分光板 G_1，因 G_1 后面镀有半透半反膜，光束在半透半反膜上反射和透射，被分成光强近似相等并互相垂直的两束光，这两束光分别射向相互垂直的两平面镜即参考镜 M_1 和移动镜 M_2，经 M_1、M_2 反射后，又汇于分光板 G_1，最后光线到达 E 处，我们就可以在 E 处的毛玻璃屏上观察到清晰的干涉条纹。当 M_2 与 M_1 严格垂直，即 M_2 的虚像 M_2' 与 M_1 严格平行时，将会出现等倾干涉的同心圆环条纹；而当 M_2 与 M_1 有一小的夹角，即 M_2 的虚像 M_2' 与 M_1 有一小的夹角时，将会出现等厚干涉的直条纹。

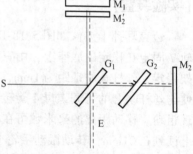

图 5.18-3　迈克耳孙干涉仪原理图

　　在图 5.18-3 中，G_2 起补偿板的作用，实质上是为了使干涉仪对不同波长的光同时满足等光程的要求，为了确保它的厚度和折射率与分光板 G_1 的完全相等。在制作时将同一块平行平面板分为两块，一块作分光板，一块作补偿板。

【实验步骤】

　　1. 移开扩束透镜，打开激光器电源使出射激光，调节激光方向使入射光与反射光重合。

　　2. 观察由 M_1 和 M_2 反射到屏上的两组光点，反复调节背面三个螺钉，使 M_1 反射的光点与 M_2 反射的光点一一对应重合。

　　3. 把扩束透镜置于激光束中，使激光扩束后投射到分光板上，调节光照位置直到观察到屏上有同心圆。

　　4. 转动微动手轮观察干涉图样的变化情况，顺时针或反时针转动，观察干涉图样中心冒出或陷入条纹的情况。

5. 调节 M_2 镜背面的螺钉，使 M_2 与 M_1 有一小的夹角，观察干涉条纹由同心圆环逐渐向直线变化的情况。

实验 5.19　柱面光栅立体画

【实验目的】

观察柱面光栅立体图，了解柱面光栅立体图的形成机理。

【实验装置】

柱面光栅立体画 10 幅，图 5.19-1 中示出其中 2 幅。

图 5.19-1　柱面光栅立体画

【实验原理】

立体图像是指在平面媒体上显现出栩栩如生的立体世界，它打破了传统平面图像的一成不变，为人们带来了新的视觉感受。手摸上去它是平的，眼看上去却是立体的，有突出的前景和深邃的后景，景物逼真。

人眼观看物体之所以有立体感，是因为人有两只眼，分别从不同的角度看到物体的不同侧面，这两个像经过人脑的合成就成为物体的立体像。

柱面光栅立体画是用两台照相机从左右不同角度对物体所照的相，再沿竖直方向将两幅画像分别分割成许多窄条，然后把不同画面的窄条交替排列并叠印在一起，在画的表面覆盖一层透射立体光栅而构成。光栅的作用是使图片上任何不同点的光线按特定的方向分别向左右偏射，进入观察者的左眼和右眼。人在观察画像时，左眼看见的是左像，右眼看见的是右像，最后经人脑合成就形成了立体画像了。因此，柱面光栅立体图的原理是通过柱面棱镜做成的立体光栅的分光作用和人脑对左右眼看到的图像的合成而产生的立体视觉现象。

【实验步骤】

对着画像，左右眼移动位置，以上下大约 30° 视角以内观察光栅立体图，可以体会立体画的效果。

实验 5.20　光的起偏与检偏

【实验目的】

1. 用偏振片实现光的起偏与检偏。
2. 演示、观察线偏振光，验证马吕斯定律，加深对光波是横波的理解。

【实验装置】

仪器由箱盖 1、箱体 2、工作面板 3 三部分组成，如图 5.20-1 所示。

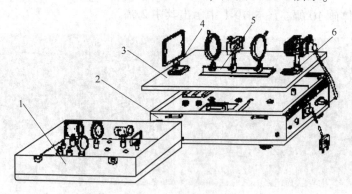

图 5.20-1　仪器整机图

工作面板上装有：4—投影屏插座、5—轨、6—照明灯插座。箱体 2 内有（见图 5.20-2）：7—光测弹性架、8—偏振片架、9—照明灯、10—投影屏、11—变压器、12—玻璃堆架、13—反光镜架、14—旋光盒架、15—光栏接筒、16—聚光镜架、17—波片架、18—双折射棱镜架、19—波片小木盒、20—旋光盒共 14 个部件。工作时可拆下箱盖，打开工作面板，从箱体内取出演示需要的附件，插入箱体木架上，合上工作面板后，插上照明灯和投影屏，即可按演示需要在导轨上插上所需附件。

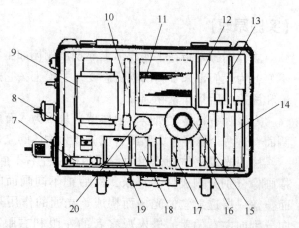

图 5.20-2　附件安装简图

【实验原理】

1. 起偏与检偏

由自然光获得偏振光称为起偏。起偏可以通过具有二向色性材料的吸收实现，也可以通过光在两种界面的反射实现，还可以通过双折射晶体的折射实现。

偏振片是由自然光获得线偏振光的平面片状器件。它利用晶体的二向色性（只对某一方向的光振动有强烈吸收）起偏。也可把硫酸碘奎宁的针状粉末定向排在透明的基片上或把富含自由电子的碘附着在拉伸的塑料薄膜上制成偏振片。偏振片上允许光通过而不吸收光的方向称为偏振片的偏振化方向。图 5. 20-3 所示是一对手持式偏振片。

图 5. 20-3　手持式偏振片

自然光通过起偏器后成为线偏振光，透射光的光强为原入射自然光光强的 1/2。线偏振光通过偏振片后的光强可以根据马吕斯定律计算。

马吕斯定律：一束光强为 I_0 的线偏振光入射到偏振片上，设线偏振光的振动方向与偏振片的偏振化方向的夹角为 α，则透射的光强为

$$I = I_0 \cos^2 \alpha \qquad (5.20\text{-}1)$$

用偏振器件分析、检验光束的偏振状态称为检偏。所用器件称为检偏器。偏振片、各种偏振棱镜等偏振器件都是既可以当作起偏器，也可以当作检偏器。

检偏方法：让待检光垂直入射到起偏器上，如图 5. 20-4 所示，然后以光线为轴转动起偏器 360°，如果透射光强始终不变，则被检光是自然光或圆偏振光；如果透射光强有两次最强、两次消光（即全暗）的变化，则被检光是线偏振光；如果透射光强有两次最强、两次最弱但无消光的变化，则被检光是部分偏振光或椭圆偏振光。

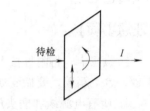

图 5. 20-4　用偏振片检偏

2. 光的双折射现象

对于光学性质随方向而异的晶体（例如方解石，即 $CaCO_3$ 晶体），当一束光进入晶体后，可以产生两束折射光，这种现象称为光的双折射现象。在两束折射光中，一束折射光的方向遵从折射定律，称为寻常光（o 光）。另一束折射光的方向不遵从折射定律，称为非常光（e 光）。能产生双折射现象的晶体称为双折射晶体。用检偏器检验可知，o 光和 e 光都是线偏振光。在很多情况下，它们的振动方向相互垂直。

图 5. 20-5　光的双折射

利用双折射晶体可以制作波片和各种偏振棱镜，如洛匈棱镜、渥拉斯顿棱镜、尼科耳棱镜等，它们在实际当中有着重要的应用。

【实验步骤】

1. 按图 5. 20-6 摆好实验装置，其中 P、A 为偏振片，暂不加入波片。转动 A，使投影屏 E 上光强最暗，此时记为起始值 O，转动 A 成 α 角，屏 E 上光强增加。在将 A 转动 360° 的过程中，E 上光强按马吕斯定律变化，有两次最强和两次消光。

2. 在 P、A 之间加入 1/4 波片，使其光轴与 P 的偏振化方向成 45°，则通过 1/4 波片的光由线偏振光变为圆偏振光，转动检偏器 A 时，E 上光强不变。若不是 45° 放置，则成椭圆偏振光。

3. 移开 1/4 波片加入 1/2 波片，使 1/2 波片的光轴与 P 的偏振化方向成 45° 放置，则通

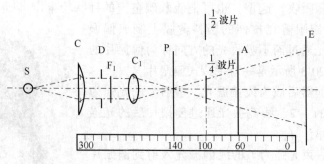

图 5.20-6 实验光路图

过 1/2 波片的光仍为线偏振光，转动检偏器 A，调至 E 上光强最暗时的位置，可看到透射光的振动方向比 1/2 波片的入射光的振动方向转过了 90°。

一般规律：1/2 波片光轴与入射线偏振光的振动方向成 α 角时，透射的线偏振光的振动方向转过 2α 角。

【注意事项】

实验完毕，将附件按图 5.20-2 位置放入箱体内，垫一块泡沫塑料，盖上面板，倒置上压板，合上箱盖。要做到如下几点：

1. 所有电源线和插头放入工作面上。

2. 将双像棱镜用棉花和透明薄纸包扎完毕后，轻拿轻放，室温不可剧热剧冷，以防棱镜碎裂或损坏。

3. 镜片上有灰尘、赃物时，用软毛刷轻弹或用棉花蘸酒精、乙醚液轻拭。

4. 箱子搬移要轻拿轻放，工作时箱盖倒置，台面要衬以软物，以免擦伤漆层。

实验 5.21 穿墙而过

【实验目的】

了解光的偏振性。了解偏振薄膜的应用。

【实验装置】

实验装置如图 5.21-1 所示。

【实验原理】

普通光通过偏振薄膜，就成为线偏振光。线偏振光无法通过与其振动方向垂直的偏振薄膜。本实验就是依据这一原理设计的。圆筒内表面上，左半部和右半部分别放入一个偏振薄膜卷成的圆筒，它们的偏振化方向正好相互垂直，因此其重叠部分就

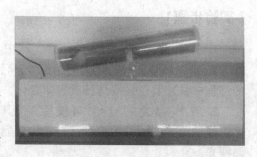

图 5.21-1 穿墙而过演示装置

形成不透光的区域，看起来好像在筒的中心处有一块圆挡板，实则空而无物，筒中的球可以自由地通过。

【实验步骤】

将小球所在的圆筒一端抬高，使圆筒倾斜，观察圆筒中小球的运动。

实验 5.22 光的双折射

【实验目的】

了解光的双折射现象及其产生原因，了解双折射晶体的应用。

【实验装置】

绿激光光源、导轨、载物台、双折射晶体、偏振片等。实验装置如图 5.22-1 所示。

【实验原理】

参见实验 5.20 光的起偏与检偏的实验原理。

图 5.22-1　绿激光双折射演示装置

【实验步骤】

1. 取下偏振片，打开激光器电源，调节光路使激光束对准双折射晶体的入射窗口，在屏上可观察到两个光点。

2. 旋转双折射晶体，可看到一个光点不动，另一个光点绕着不动的光点转，即 e 光绕着 o 光转。

3. 在双折射晶体与屏幕之间插入大偏振片，并适当调整大偏振片的前后位置，使得 e 光和 o 光两个光点都呈现在偏振片上。

4. 旋转偏振片可观察到 o 光和 e 光交替消失；旋转大偏振片，使 e 光消失，记下此时偏振片的偏振化方向；再旋转大偏振片，使 o 光消失，观察此时偏振片的偏振化方向正好转过 90°。

【注意事项】

偏振片拿上、拿下时要小心保护，以免掉地摔坏。

实验 5.23 布儒斯特定律

【实验目的】

1. 了解另一种光的起偏方法，加深对布儒斯特（Brewster）定律的理解。
2. 学习一种测定介质折射率的方法。

【实验装置】

参见实验 5.20 实验装置。

【实验原理】

光在两种介质分界面上反射和折射时，也会引起光的偏振。在一般情况下，当自然光入射到两种介质的分界面时，反射光和折射光都是部分偏振光，反射光中垂直于入射面的振动强于平行于入射面的振动，折射光中平行于入射面的振动强于垂直于入射面的振动，如图 5.23-1a 所示。

在特殊情况下，即当自然光以布儒斯特角 i_B（起偏角）入射到两种媒质分界面上时，如图 5.23-1b 所示，反射光成为振动方向垂直于入射面的线偏振光，折射光仍是平行于入射面的振动较强的部分偏振光。此时入射角 i_B 和折射角 γ_B 之和等于 $90°$，因此，布儒斯特角满足下列关系：

$$\tan i_B = n_2/n_1 = n_{21}$$

式中，n_1、n_2 分别为入射媒质和折射媒质的折射率。n_{21} 为折射媒质对入射媒质的相对折射率。

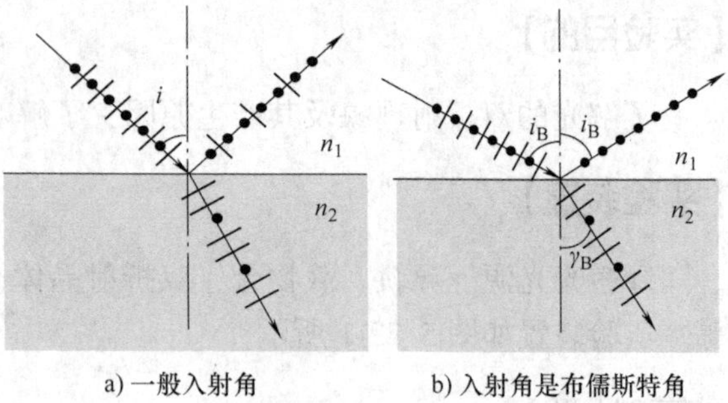

图 5.23-1 光在两种介质分界面上反射和折射

a）一般入射角   b）入射角是布儒斯特角

【实验内容及步骤】

实验 5.23-1　反射引起的偏振

按图 5.23-2 摆设实验装置，S 为光源，C 为照明灯聚光镜，C_1 为聚光镜，D 为光栏，F_1 为绿色滤光片（$\lambda = 530\text{nm}$），M 为黑色反光镜，A 为检偏振器，E 为投影屏。

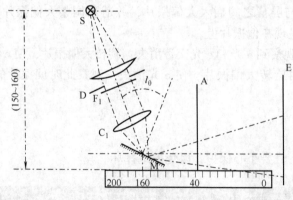

图 5.23-2　反射偏振实验图

实验步骤如下：

1. 在仪器工作台面上插上照明灯和投影屏。
2. 在导轨上安上反射镜架和检偏振器，使光栏圆孔像移至投影屏上。
3. 调整 M 和 E 大致成 $57°$，调整照明灯光轴和 M 大致成 $33°$。

4. 照明灯点亮后，即可在屏 E 上看到偏振光像。转动 A 时 E 的光强明暗变化。

5. 当转至光强最暗位置时，光线在 M 上的入射角 i_B 即为布儒斯特角，此角和反光镜架上相应标记相符。

实验 5.23-2　折射引起的偏振

按图 5.23-3 摆设实验装置，S、C、C_1、D、F_1、A、E 同上，G 为玻璃片堆。

实验步骤如下：

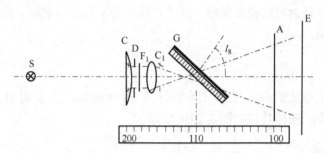

图 5.23-3　折射偏振实验图

1. 在图 5.23-2 装置基础上，将照明灯座插入导轨，与光轴平行，使灯座推到底。

2. 取下 M，换上 G。

3. 调整 G 和 E 大致成 57°。

4. 转动 A 可观察到光强明暗变化。当转至光强最暗位置时，线偏振光振动方向和 A 的偏振化方向一致。此时的入射角即布儒斯特角。

5. 从 A 上刻度值可比较出透过玻璃片堆的线偏振光的振动方向与图 5.23-2 中反射光的振动方向是相互垂直的。

实验 5.23-3　双折射引起的偏振

按图 5.23-4 摆设实验装置。B 为双折射棱镜，L 为投影物镜，Di 为偏振片。

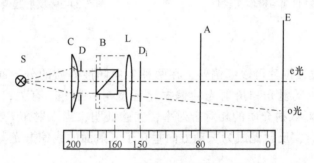

图 5.23-4　双折射引起的偏振实验

实验步骤如下：

1. 在图 5.23-3 装置基础上取下 C，移开 A，旋下接筒，外露光栏 D，调整双折射镜 B 的位置，使屏 E 上可观察到两个相同大小的光栏 D 的像。

2. 转动 B 可见一个像绕另一个像旋转。

3. 旋转 A 可见两像光强是变化的，两像交替消失（或重现）在 A 的刻度值上，可读得两像振动方向互成 90°。

4. 加入一片偏振片，当旋转双折射棱镜时，可观察双像的互补色现象。

实验 5.24   反射起偏与检偏

【实验目的】

演示光在反射、折射时的偏振现象，熟悉布儒斯特定律，观察将上反射面调至布儒斯特角时的偏振消光现象。

【实验装置】

实验装置的主要组成部分：光源（溴钨灯）、聚光透镜、上反射面、下反射面、透射窗，它们都装在箱中，箱体外貌如图 5.24-1 所示。

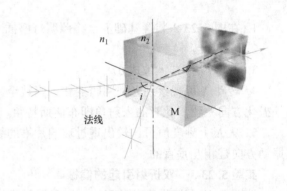

图 5.24-1   反射起偏与检偏实验仪   图 5.24-2   反射起偏与检偏原理

【实验原理】

自然光除了经过偏振片可以起偏外，在两种各向同性介质的分界面上反射、折射时，也会发生偏振现象。反射光和折射光的偏振化程度与入射角 i 有关，如图 5.24-2 所示。设 n_{21} 表示折射介质对入射介质的相对折射率，实验证明，当入射角 i 等于某一特定值 i_0，而 i_0 满足 $\tan i_0 = n_{21}$ 时，反射光成为振动方向垂直于入射面的线偏振光。i_0 称为起偏角，亦称布儒斯特角。

【实验步骤】

1. 接通电源，打开电源开关，灯泡发光。

2. 旋开上反射面的锁紧螺钉，调整上反射面的角度，会观察到光源经下、上反射面的光斑。当上反射面调至布儒斯特角时（约 57°），上、下两反射面相互垂直，会观察到光斑隐去的消光现象。

3. 固定上反射面，在透射窗上放置波晶片，通过上反射面观察波晶片，会看到彩色的偏振光干涉图像。

实验 5.25 玻片堆起偏与检偏

【实验目的】

通过观察经玻璃片堆反射和透射的光的偏振化现象，理解利用介质反射获得偏振光的方法。

【实验装置】

玻璃片堆、刻度盘、偏振片、毛玻璃屏、光源，如图 5.25-1 所示。

【实验原理】

在通常情况下，当自然光入射到两种介质分界面时，反射光为垂直于入射面的振动较强的部分偏振光，透射光为平行于入射面的振动较强的部分偏振光。随着入射角的改变，反射光和透射光的偏振化成分也发生变化。当入射角为布儒斯特角时，反射光成为完全偏振光，其偏振化方向垂直于入射面，而透射光仍然是平行于入射面的偏振化成分较强的部分偏振光。

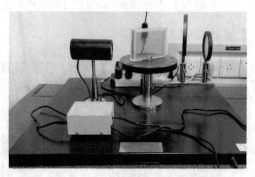

图 5.25-1 玻璃片堆起偏与检偏实验装置

当自然光以布儒斯特角入射到叠在一起的多层平行玻璃片（即玻璃片堆）上时，经过多次反射折射后透过玻璃片堆的光就近似于线偏振光了，其振动在入射面内。

本实验中的偏振片用于检偏。根据马吕斯定律可知，当入射光的偏振化方向与偏振片的偏振化方向平行时，透射光最强；当入射光的偏振化方向与偏振片的偏振化方向互相垂直时，透射光最弱；如果入射光是完全偏振光，会出现消光现象。

【实验步骤】

1. 接通电源，使玻璃片堆平面与刻度盘的 0°~180° 线平行，并使光线垂直入射到玻璃片堆表面。

2. 将毛玻璃屏置于玻璃片堆后面，观察透射光的亮度（旋转偏振片时，有明暗变化，但无消光）。

3. 保持刻度盘不动，将玻璃片堆旋转一定角度（如 20°~40°），将毛玻璃屏分别置于玻璃片堆的反射和透射光路，观察反射光和透射光的亮度（旋转偏振片时，均有明暗变化，但无消光现象）。

4. 仍保持刻度盘不动，继续将玻璃片堆旋转至约 53°，仍将毛玻璃屏分别置于玻璃片堆的反射光路和透射光路，观察反射光和透射光的亮度（旋转偏振片时，反射光明暗变化，有消光现象；透射光有明暗变化，但无消光现象）。

5. 注意观察反射光和透射光在毛玻璃屏上最亮或最暗时，偏振片的偏振化方向旋转的角度。

【注意事项】

1. 移动毛玻璃屏时要拿起来再放下，不要在仪器底盘上滑动，以免划伤底盘。
2. 旋转玻璃片堆时注意保持刻度盘不动，以免转过的角度不准确。
3. 不要长时间通电，以免光源过热，损坏光源和变压器。

实验 5.26　偏振光的干涉

【实验目的】

掌握偏振光干涉的原理，了解色偏振，观察不同晶体产生的偏振光干涉图样。

【实验装置】

干涉装置如图 5.26-1 所示。实验装置结构如图 5.26-2 所示，由四部分组成：

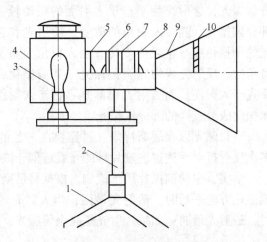

图 5.26-1　偏振光的干涉实验装置　　　　图 5.26-2　实验装置结构图

1. 支撑转动部分：包括三角底座 1 和转轴 2，它能使整个装置绕此轴沿水平方向做任意转动。
2. 照明部分：包括灯泡、灯座 3（装有 100W、220V 白炽灯泡）、遮光罩 4（提供偏振光干涉的光源）。
3. 光学系统部分：包括聚光透镜 5、会聚透镜（包括起偏器）6、波晶片 7、凸凹会聚透镜 8（包括检偏器），是偏振光干涉演示仪的主体部分。
4. 条纹显示部分：由锥形挡光筒 9 和毛玻璃屏 10 组成

【实验原理】

典型的产生偏振光干涉的实验装置如图 5.26-3 所示。在偏振化方向相互垂直或平行的两个偏振片 P_1、P_2 之间放入一个用双折射晶体制成的波晶片，从 P_1 透射的线偏振光投射到波晶片 K 上，如图 5.26-4 所示，在波晶片内形成两束折射光——o 光和 e 光，它们从波晶片射出时有一定的光程差：

$$\delta = (n_o - n_e)d \tag{5.26-1}$$

或相位差

$$\Delta\varphi = \frac{2\pi}{\lambda}(n_o - n_e)d \tag{5.26-2}$$

式（5.26-1）、式（5.26-2）中的 n_o、n_e 分别是晶体的 o 光折射率和 e 光折射率；d 是波晶片的厚度。这两束光的频率相同、振动方向相互垂直，因此，它们再经过偏振片 P_2 后成为两束相干光，被透镜 L_3 会聚到毛玻璃屏 M 上，呈现出偏振光干涉图样。

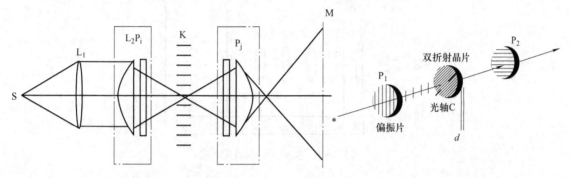

图 5.26-3　偏振光干涉典型实验装置　　　　图 5.26-4　偏振光干涉的产生

对于某一特定的波长 λ，选择波晶片的厚度，使其满足 $(n_o - n_e)d = \lambda$、$\dfrac{\lambda}{2}$、$\dfrac{\lambda}{4}$ 的波片分别称为全波片、二分之一波片和四分之一波片。特别值得注意的是，线偏振光通过 $\lambda/4$ 波片可以变成椭圆偏振光或圆偏振光；反之，圆偏振光（或椭圆偏振光在适当的位置时）通过 $\lambda/4$ 波片后变成线偏振光。

当波晶片的厚度满足 $\Delta\varphi = 2k\pi(k = \pm 1, \pm 2, \cdots)$ 时，从 P_2 出射的两束相干光干涉加强，则屏上显现波长为 λ 的光的颜色。如果波片各处的厚度不同，则用白光作光源时，对应厚度不同处的图样颜色不同，屏上显现含有多个不同色块的彩色干涉图样，这种现象称为色偏振。

【实验步骤】

1. 将下面三种不同结构的晶片分别放在演示仪之 7 的位置处（见图 5.26-2）：
（1）光轴与晶面垂直的单轴方解石晶片。
（2）光轴与晶面垂直的单轴石英晶片。
（3）两个光轴与晶面近似平行的双轴云母晶片。
拨动手柄使偏振片 P_1 与偏振片 P_2 垂直或平行，从毛玻璃屏上可以观察到不同的彩色干涉图样。转动 P_1 或 P_2 时还可看到，在屏上任一点处，图样颜色随之变化。图 5.26-5 为上述三种不同结构的晶片在高度会聚光下在屏上呈现出的偏振光干涉的图样。

2. 按图 5.26-6 摆设实验装置（参见实验 5.20 中的实验装置）。K 为晶片（云母片）。
（1）在照明灯上套上光栏 D，在屏前加一个聚光镜 C_1。在导轨上插入偏振色片 P、A，

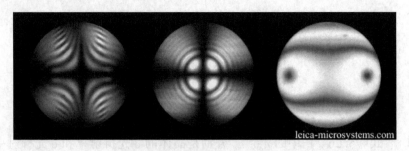

图 5.26-5　不同晶体的干涉图样

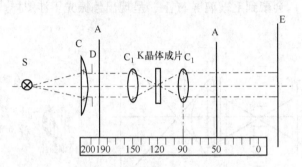

图 5.26-6　实验元件摆放图

当二者偏振化方向相互平行时，可看到彩色的偏振光干涉图样。将 A（或 P）转过 90°时，屏 E 上可见图样前后两种颜色是互补色。

（2）移去云母片，放入相位片，在屏上可看到干涉色，将 A（或 P）转 90°，可看到其互补色。

实验 5.27　光 测 弹 性

【实验目的】

观察光测弹性和色偏振现象，了解其原理及应用。

【实验装置】

偏振光干涉光测弹性演示仪，如图 5.27-1 所示。

【实验原理】

除了天然晶体的双折射外，用人工的方法也可以使某些物质呈现双折射现象，这就是人为双折射，如光弹效应、克尔效应和泡克尔斯效应等。

图 5.27-1　光测弹性演示仪

有些各向同性的透明材料（如玻璃、塑料等），在内应力和外来机械应力的作用下，可以变为各向异性，于是，当有光射入时，也会产生双折射现象。这种现象称为光弹效应。利用光弹效应，把片状的这种透明介质插在两偏振化方向相互垂直的偏振片之间，也会产生偏振光的干涉。介质内应力越集中的地方，各向异性越强，干涉条纹越细密。不同波长的光的干涉条纹对应的介质膜厚度不同。在白光照射下，显示出彩色的干涉图样即为色偏振，如图 5.27-2 所示。

图 5.27-2　色偏振

在机械零件的生产中可以利用光弹效应，通过检测透明材料上显示的干涉条纹来检测零件内部是否受到应力以及应力的分布情况，这称为光测弹性。将机械零件的透明塑料模具放在两块正交或平行的偏振片之间，对其施以一定的力，然后观察、分析其干涉图样，即可得知其内部应力的分布。干涉条纹越细密的地方，应力越大。

【实验步骤】

1. 观察仪器内的挂件，它们都应是无色透明的塑料三角尺。
2. 打开光源，这时立即观察到塑料三角尺内部呈现出彩色的偏振光干涉图样。
3. 转动仪器面板上的旋钮，带动偏振片旋转，可观察到塑料三角尺内部彩色偏振光干涉图样的颜色在随之变化。

实验 5.28　光的偏振现象的综合演示

【实验目的】

观察光的偏振现象，熟悉偏振的基本规律。

【实验装置】

包含光源、起偏器、检偏器、$\lambda/4$ 波片、$\lambda/2$ 波片、导轨和滑块、白屏等，如图 5.28-1 所示。

【实验原理】

按照光的电磁理论，光波就是电磁波。电磁波是横波，因此光波也是横波。因为在大多数情况下，当电磁辐射同物质相互作用时，起主要作用的是电场，所以常以电矢量作为光波的振动矢量，其振动方向相对于传播方向的一种空间取向称为偏振，光的这种偏振现象是横波的特征。

图 5.28-1　光的偏振现象综合演示实验装置

根据偏振的概念，如果电矢量的振动只限于某一确定方向的光，则称为平面偏振光，亦称线偏振光；如果电矢量随时间做有规律的变化，其末端在垂直于传播方向的平面上的轨迹呈椭圆（或圆），这样的光称为椭圆偏振光（或圆偏振光）；若电矢量的取向与大小都随时间做无规则变化，各方向的取向机率相同，则称为自然光；若电矢量在某一确定的方向上最强，且各向的电振动无固定相位关系，则称为部分偏振光。

1. 获得偏振光的方法

（1）利用光在两种介质分界面上反射和折射时引起光的偏振，详见实验 5.23 布儒斯特定律中的实验原理。

（2）利用玻璃片堆获得，详见实验 5.25 玻片堆起偏与检偏中的实验原理。

（3）晶体双折射产生的寻常光（o 光）和非常光（e 光）均为线偏振光。

（4）用偏振片可以得到线偏振光。

2. 偏振片、波长片及其作用

（1）偏振片　偏振片是利用某些有机化合物晶体的二向色性，将其渗入透明塑料薄膜中，经定向拉制而成。它能吸收某一方向振动的光，而透过与此垂直方向振动的光，由于在应用时起的作用不同而叫法不同，用来产生偏振光的偏振片称为起偏器；用来检验偏振光的偏振片，称为检偏器。按照马吕斯定律，光强为 I_0 的线偏振光通过检偏器后，透射光的光强为

$$I = I_0\cos^2\theta \tag{5.28-1}$$

式（5.28-1）中 θ 为入射偏振光的偏振方向与检偏器振轴之间的夹角，显然，当以光线传播方向为轴转动检偏器时，透射光强 I 发生周期性变化，当 $\theta = 0°$ 时，透射光强最大；当 $\theta = 90°$ 时，透射光强为极小值（消光状态）；当 $0° < \theta < 90°$ 时，透射光强介于最大和最小值之间。图 5.28-2 表示自然光通过起偏器与检偏器的变化。

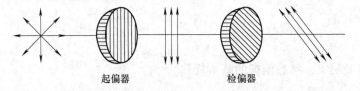

起偏器　　　　　检偏器

图 5.28-2　自然光通过起偏器与检偏器的变化

（2）波长片　当线偏振光垂直射到厚度为 d、表面平行于自身光轴的单轴晶片时，寻常光（o 光）和非常光（e 光）沿同一方向前进，但传播的速度不同。这两种偏振光通过晶片后，它们的相位差 ψ 为

$$\psi = \frac{2\pi}{\lambda}(n_o - n_e)d$$

其中，λ 为入射偏振光在真空中的波长；n_o 和 n_e 分别为晶片对 o 光和 e 光的折射率。

① 当 $\psi = k\pi$（$k = 0，1，2\cdots$）时，通过晶片后的 o 光和 e 光合成为线偏振光；

② 当 $\psi = (k+0.5)\pi$（$k = 0，1，2\cdots$）时，为正椭圆偏振光。在 o 光和 e 光的振幅相等（$A_o = A_e$）时，为圆偏振光。

③ 当 ψ 为其他值时，为椭圆偏振光。

在某一波长的线偏振光垂直入射到晶片的情况下，能使 o 光和 e 光产生相位差 $\psi = (2k+1)\pi$（相当于光程差为 $\lambda/2$ 的奇数倍）的晶片，称为对应于该单色光的二分之一波片（$\lambda/2$ 波片）；与此相似，能使 o 光与 e 光产生相位差 $(2k+1/2)\pi$（相当于光程差为 $\lambda/4$ 的奇数倍）的晶片，称为四分之一波片（$\lambda/4$ 波片）。

$\lambda/4$ 波片的实验原理如图 5.28-3 所示：当振幅为 A 的线偏振光垂直入射到 $\lambda/4$ 波片上、

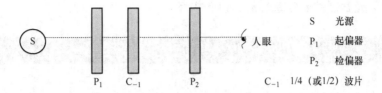

图 5.28-3　$\lambda/4$ 波片的实验原理

振动方向与波片光轴成 θ 角时，由于 o 光和 e 光的振幅分别为 $A\sin\theta$ 和 $A\cos\theta$，所以通过 $\lambda/4$ 波片后合成的偏振状态也随角度 θ 的变化而不同。

①当 $\theta = 0°$ 时，获得振动方向平行于光轴的线偏振光。

②当 $\theta = \pi/2$ 时，获得振动方向垂直于光轴的线偏振光。

③当 $\theta = \pi/4$ 时，$A_e = A_o$，获得圆偏振光。

④当 θ 为其他值时，经过 $\lambda/4$ 波片后为椭圆偏振光。

同理，二分之一波片的实验原理也可以按上述方法分析。

【实验步骤】

1. 利用起偏与检偏鉴别自然光与偏振光

（1）在光源至光屏的光路上插入起偏器 P_1，旋转 P_1，观察光屏上光斑光强的变化情况。

（2）在起偏器 P_1 后面再插入检偏器 P_2。固定 P_1 的方位，旋转 P_2，旋转 360°，观察光屏上光斑光强的变化情况，注意有几个消光方位。

2. 观测椭圆偏振光和圆偏振光

（1）先使起偏器 P_1 和检偏器 P_2 的偏振轴垂直（即检偏器 P_2 后的光屏上处于消光状态），在起偏器 P_1 和检偏器 P_2 之间插入 $\lambda/4$ 波片，转动波片使 P_2 后的光屏上仍处于消光状态。

（2）转动 P_1 使 P_1 的光轴与 $\lambda/4$ 波片光轴的夹角依次为 30°、45°、60°、75°、90°，在取上述每一个角度时，都将检偏器 P_2 转动一周，观察从 P_2 透出光的光强变化。

3. 考察平面偏振光通过 1/2 波片时的现象

（1）按图 5.28-3 在光具座上依次放置各元件，使起偏器 P_1 的振动面为垂直，检偏器 P_2 的振动面为水平（此时应观察到消光现象）。

（2）在 P_1、P_2 之间插入 1/2 波片（C_{-1}），把 C_{-1} 转动 360°，能看到几次消光？解释这现象。

（3）将 C_{-1} 转任意角度，这时消光现象被破坏，把 P_2 转动 360°，观察到什么现象？由此说明通过 1/2 波片后，光变为怎样的偏振状态。

（4）仍使 P_1、P_2 处于正交，插入 C_{-1}，使消光，再将 C_{-1} 转 15°，破坏其消光。转动 P_2 至消光位置，并记录 P_2 所转动的角度。

（5）继续将 C_{-1} 转 15°（即总转动角为 30°），记录 P_2 达到消光所转总角度，依次使 C_{-1} 总转角为 45°、60°、75°、90°，记录 P_2 消光时所转总角度。

【注意事项】

1. 做实验时各实验元件要安装在同一直线上。

2. 对波片等光学器件要轻拿轻放，以防损坏。

实验 5.29　偏振光立体电影

【实验目的】

观看惟妙惟肖、生动有趣的立体影像。更多地了解偏振光的应用。

【实验装置】

偏光眼镜、电脑主机、两台投影仪、金属屏幕等。图 5.29-1 所示为偏振光立体电影的播放系统。

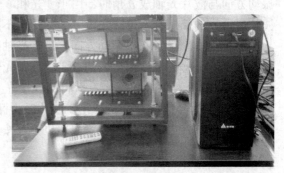

图 5.29-1　偏振光立体电影播放系统

【实验原理】

人的两只眼睛同时观察物体，不但能扩大视野，而且能判断物体的远近，产生立体感。这是由于人的两只眼睛在同时观察物体时，在视网膜上形成的像并不完全相同，左眼看到物体的左侧面较多，右眼看到物体的右侧面较多，这两个像经过大脑综合以后就能区分物体的前后、远近，从而产生立体视觉。据此，如人眼那样，用两台摄像机从两个不同方向同时拍摄景物的像，制成光盘。用电脑放映影片，然后通过投影仪把图像传输到屏幕上，这时在屏幕上分别产生正交的影像，即屏幕上分别产生水平偏振和垂直偏振的影像。当观看者戴着立体眼镜时，因为立体眼镜的左右镜片分别是水平偏振和垂直偏振的，所以观看者左眼看到的是开始时左边摄像机摄到的像，右眼看到的是开始时右边摄像机摄到的像，因此，观看者如临其境，可以看到生动的立体图像。

【实验步骤】

打开电脑主机和投影仪，调整焦距，放映影片，带上 3D 眼镜对着屏幕观看立体电影。

实验 5.30　旋　光　色　散

【实验目的】

了解旋光现象及其应用。

【实验装置】

旋光色散演示装置如图 5.30-1 所示。

【实验原理】

线偏振光通过某些晶体如石英时，振动面向左

图 5.30-1　旋光色散演示装置（量糖计）

或向右旋转了一个角度，这种现象称为旋光。

实验表明，振动面旋转的角度 φ 与石英晶片的厚度 d 成正比，即 $\varphi = \alpha d$，比例系数 α 称为石英的旋光率。旋光率的数值因波长而异，因此在白光照射下，不同颜色光的振动面旋转的角度不同。

除了石英晶体外，许多有机液体或溶液也具有旋光性，其中最典型的是食糖的水溶液。如图 5.30-1 所示，在一对偏振器之间加入一根带有平行平面窗口的玻璃管，管内充糖溶液（或无色葡萄糖溶液），这种装置称为量糖计。靠近光源的偏振片作为起偏器，观察端的偏振片作为检偏器。白光（自然光）通过起偏器后成为线偏振光，经过糖溶液透射出的光仍为线偏振光。不同的是，此时光的偏振面相对于入射时旋转了一定角度，这就是光学中的"旋光效应"。偏振面所能旋转的角度随入射波长而变，称为"旋光色散"。检偏器能将分布在不同振动面上的各色光逐一呈现给观察者。

由该装置可以检验出来，光线经过管内溶液时有旋光现象。实验表明，振动面的旋转角度 ψ 与管长 l 和溶液的浓度 N 成正比：$\psi = \alpha N l$。比例系数 α 称为该溶液的比旋光率。测得比旋光率后，就可以根据量糖计测得的转角 ψ 求出溶液的浓度 N 来。这种测浓度的方法既迅速又准确，在制糖工业中有广泛的应用。

许多有机物质（特别是药物）也具有旋光性，并且和石英一样，同一种物质常常有左、右两种旋光异构体。例如氯霉素本是从一种链丝菌培养液中提取出的抗菌素，天然品为左旋。工业上主要用人工合成，合成品为左、右旋各半的混合旋化合物，通常称为"合霉素"。在两种旋光异构体中只有左旋有疗效，故合霉素的疗效仅为天然品的一半。从合霉素中分出的左旋品也称"左霉素"，疗效与天然品相同。分析和研究液体的旋光异构体，也需要利用量糖计，相应的方法通常都广义地称为"量糖术"。量糖术在化学、制药等工业中有广泛的应用。

【实验步骤】

1. 配置大约 600g 糖溶液。玻璃管内的溶液大约占整个容器的 2/3 左右为宜，将溶液摇匀。
2. 打开仪器灯箱光源，连续缓慢转动靠近光源的偏振片，可观察到玻璃管下半部有糖溶液的地方透过来的光的颜色依次变化；管的上部没有糖溶液的地方仅有明暗的变化。
3. 实验结束，关闭电源。

【注意事项】

1. 操作时要保护好装有糖溶液的玻璃管，以免损坏。
2. 定期更换糖溶液，以免变质。
3. 较长时间不用时，一定要将糖溶液倒掉，把管清洗干净。
4. 清洗玻璃管时，可以放入沙粒、米粒或豆粒摇晃清洗。

实验 5.31 人 造 火 焰

【实验目的】

演示人造火焰的景象，学习灯光的一种应用。

【实验装置】

人造火焰装置如图 5.31-1 所示。

图 5.31-1　人造火焰装置

【实验原理】

火焰的颜色在其上部较红亮，下部较黄暗，并且火苗是跳跃不定的。本演示装置用黄色的绸带做成火焰状，演示时从绸带的下部用风扇向上吹风，再用红色的灯光打在绸带的上部。于是，黄绸带被风吹得在红灯光的照射下显示出火焰上红下黄和飘渺不定的景象。

【实验步骤】

实验时只需把仪器电源打开即可进行演示。

【注意事项】

在演示过程中，不要用手拉扯绸带，以免造成损坏。

实验 5.32　海 市 蜃 楼

【实验目的】

了解海市蜃楼的成因和特点，熟悉光的折射和全反射规律。

【实验装置】

海市蜃楼演示装置如图 5.32-1 所示。A 为水槽，B 为实景物，C 为激光笔，D 为射灯，E 为装置门，F 为水管入口，G 为观看实景物窗口，H 为观看光在水槽内传播路径的窗口，K 为观看模拟海市蜃楼景观的窗口。

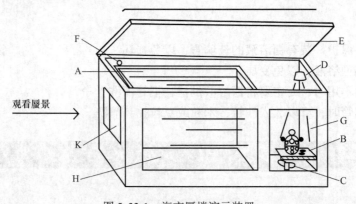

图 5.32-1　海市蜃楼演示装置

【实验原理】

海市蜃楼，简称**蜃景**，是一种因光的折射和全反射而形成的自然现象，是地球上物体反射的光经大气折射而形成的虚像。所谓蜃景就是光学幻景。图 5.32-2 和图 5.32-3 为真实海市蜃楼的景象。

图 5.32-2 真实的蜃景图

图 5.32-3 厦门五缘湾海市蜃楼

蜃景与地理位置、地球物理条件以及那些地方在特定时间的气象特点有密切联系。气温的反常分布是大多数蜃景形成的气象条件。

海市蜃楼是一种反常的折射现象，它是光线在垂直方向密度不同的大气层中传播，经过折射形成的。常分为上现、下现和侧现海市蜃楼。

凡是物体的映像或幻景看上去好像从天空某一空气层反射而来的，称为上现蜃景。上现蜃景常出现在海上和北方有冰雪覆盖的地方。这是因为海水表面蒸发时要消耗热量同时海水温度的升高缓慢，而在冰雪覆盖的地区，由于冰雪面能将大部分太阳光反射掉同时冰雪融化时也要消耗大量热量，致使下层的温度变得很低，所以在这些地方最容易出现强烈的逆温现象。当近地面层是强逆温时，空气密度会随高度迅速减小，光线在这种气温随高度升高因而使空气密度随高度锐减的气层中传播，会向下屈折，远方地平线处的楼宇等的光线经折射进入观测者眼帘，便出现了上现蜃景。

凡是物体的映像或幻景看上去好像由地面反射而来的，称为下现蜃景。下现蜃景大都出现在热季的沙漠上或冬季暖洋流的海上。在晴朗少云平静无风的天气里，阳光照射在干燥的沙土上，沙土的比热小，土温上升极快，这里几乎没有水分蒸发，土壤分子传热又极慢，热量集中在表层，所以接近土壤层的空气温度也上升得很快，但上层空气却仍然很凉。当近地层是强烈降温层时，气温随高度很快降低，空气密度随高度很快增加，而光线在气温随高度而降低的气层内传播时会向上曲折，远方地平线处的景物的光线，经折射后直入观测者眼帘，便出现了下现蜃景。柏油马路因路面颜色深，夏天在灼热阳光下吸收能力强，同样会在路面上空形成上层的空气冷、密度大，而下层空气热、密度小的分布特征，所以也会形成下现蜃景。

当水平方向的大气密度很不同，使大气折射率在水平方向存在很大不同时，便可能出现侧向蜃景。

无论哪一种蜃景，只能在无风或风力极微弱的天气条件下出现。当大风一起时，引起了上下层空气的搅动混合，上下层空气密度的差异减小了，光线没有什么异常折射和全反射，此时所有的幻景就立刻消逝了。

蜃景有两个特点：一是在同一地点重复出现，比如美国的阿拉斯加上空经常会出现蜃景；二是出现的时间一致，比如我国蓬莱的蜃景大多出现在每年的 5、6 月份，俄罗斯齐姆连斯克附近蜃景往往是在春天出现，而美国阿拉斯加的蜃景一般是在 6 月 20 日以后的 20 天内出现。

根据蜃景的成因，可以用模拟实验来制造蜃景：

在一间不通风的屋子里，把一块长 1.5m、宽 20cm 的平滑铁片横放在几根用铁管（或用木棍代替）做成的小柱子上，在铁片上撒上薄薄一层沙，做成沙漠型的表面。用深色的纸剪成树和骆驼，贴在一块毛玻璃（乳白色玻璃）上，把玻璃板放在铁片的一端，和铁片垂直，使树和骆驼露在沙层上面。在玻璃板后下方，用一只手电筒向上照射，从铁片的另一端看去，好像树木和骆驼后面衬托着明亮天空一样。然后，用小的煤球炉三只，放在铁片下面来加热（或用一只长型的炭盆，有条件时用长型的电炉加热最为理想）。加热时，要注意铁片各处受热要均匀，特别是靠近毛玻璃一端三分之二的地方。

这样，当加热一定时间以后，用手靠近沙面，感到很热时，开始沿薄铁片往毛玻璃方向观察。你就能发现沙面下方出现树木和骆驼的倒影，好像树木和骆驼旁边有湖水时所形成的倒影一样。这种现象就是"海市蜃楼"。

本实验是利用人工配置的折射率连续变化的介质，演示光在非均匀媒质中传播时光线弯曲的现象以及模拟自然界昙花一现的海市蜃楼景观。

【实验步骤】

1. 液体的配制

将装置门 E 打开，水管插入 F 口内固定好，向水槽内注入深为槽深一半的清水，再将约 3kg 食盐放入清水中，用玻璃棒搅拌，使其溶解成近饱和状态；再在其液面上放一薄塑料膜盖住下面的盐溶液，向膜上慢慢注入清水，直到水槽中的水近满为止。稍后，将薄膜轻轻从槽一侧抽出。此时，清水和食盐水界面分明，大约需 6h 以后，由于扩散，界面变没了，在交界处形成了一个扩散层，液体的折射率由下向上逐渐减少，产生一个密度梯度，此时液体配制完成。

2. 现象演示

（1）打开激光笔 C，从水槽侧面窗口 H 观察光束在非均匀食盐水中弯曲的路径。

（2）打开射灯 D，照亮实景物，在景物另一侧窗口 K 处观察模拟的海市蜃楼景观。

实验 5.33　光 纤 通 信

【实验目的】

了解光纤通信的原理及其应用。

【实验装置】

视频源（摄像机）、音频源（收录机）、发射器、接收器、光纤、显示器、音箱等，如图 5.33-1 所示。

图 5.33-1　光纤通信实验装置

【实验原理】

光纤通信主要是利用全反射原理来传输信号的，其具体工作原理如下。

1. 信号源（收录机）发出的电信号经过电光转换装置（发光二极管）转换成光信号后传递给光纤。

2. 当光线由光密媒质（光纤，折射率设为 n_i）射入光疏媒质（空气，折射率设为 n_t）时，由于 $n_i > n_t$，且入射角大于临界角，则光线在光纤内部发生全反射，使光信号沿着光纤内部传递给另一侧的光电转换系统。

3. 光电转换装置把接收到的光信号经过光敏二极管重新转换成电信号，通过功放送给扬声器，发出声音。

【实验步骤】

1. 打开控制箱上的电源开关，电源指示灯亮。

2. 打开信号源，调整调谐旋钮，可接收电台信号。若把磁带放入收录机磁带仓中，则由收音状态转换为放音状态，即可听到磁带放出的声音。方法如下：

（1）音调控制钮——旋校以获得欲求之低音或高音响应。

（2）电源开关/音量控制钮——向右旋转，接通电源开关，继续旋转则控制音量的大小。

（3）排带按钮——如在放音状态按下此钮，将会停止放音，并将卡带排出，恢复至收音状态。

（4）卡门——将卡带插入，则由收音状态转换为放音状态。

（5）快进、快退钮——如在放音状态，按下其中一钮，将会有相应的快进或快退功能，如将两钮同时按下，将会返带播放。

（6）调谐旋钮——调校此旋钮，可调至欲收的电台。

（7）平衡旋钮——旋校以获得平衡立体声的最佳效果。

（8）快进/快退功能指示——指示出操作的快进或快退状态。

（9）立体声指示——当在调频立体声状态下，接收到立体声电台信号时，此指示灯则会发光。

（10）立体声/单声道选择按钮——当在调频立体声状态下，按下此钮则转换为单声道播放状态。如接收到时强时弱的电台信号，可按下此钮，以减少噪声。

（11）FM/AM 选择按钮——可选择 FM 或 AM 波段收音状态。

3. 把视频盖打开，接通电源，把视频线和光纤发射主机相连，接收主机和电视机连接，即可观看显示器上呈现的实时室内场景。

4. 若将光纤接头拔出，则音视频信号中断——音乐声停止，显示器黑屏。

5. 演示完毕，关掉信号源开关，关闭电源。

【注意事项】

使用后，仪器应存放于通风干燥处。

【知识拓展】

光纤通信和无线光通信

光纤即为光导纤维的简称。**光纤通信**是以光波作为信息载体，以光纤作为传输媒介将信息从一处传至另一处的一种通信方式。光纤通信技术从光通信中脱颖而出，已成为现代通信的主要支柱之一，在现代电信网中起着举足轻重的作用，也是世界新技术革命的重要标志和未来信息社会中各种信息的主要传送工具。

光纤通信作为一门新兴技术，近年来发展速度之快、应用面之广是通信史上罕见的。自1966 年英籍华人高锟博士提出利用带有包层材料的石英玻璃光学纤维作为通信媒质，开创了光纤通信领域的研究工作。1977 年美国在芝加哥相距 7000m 的两电话局之间，首次用多模光纤成功地进行了光纤通信试验。85μm 波段的多模光纤为第一代光纤通信系统。1981 年又实现了两电话局间使用 1.3μm 多模光纤的通信系统，为第二代光纤通信系统。1984 年实现了 1.3μm 单模光纤的通信系统，即第三代光纤通信系统。20 世纪 80 年代中后期又实现了1.55μm 单模光纤通信系统，即第四代光纤通信系统。用光波分复用提高速率，用光波放大增长传输距离的系统，为第五代光纤通信系统。新系统中，相干光纤通信系统已达现场实验水平，将得到应用。光孤子通信系统可以获得极高的速率，20 世纪末或 21 世纪初可能达到实用化。在该系统中加上光纤放大器有可能实现极高速率和极长距离的光纤通信。

光纤通信之所以发展如此迅猛，是缘于它具有以下特点。

1. 通信容量大，传输距离远。一对单模光纤可同时开通 35000 个电话，或上千路电视。比电通信容量大千万倍。

2. 信号串扰小，保密性能好。可用于大容量国防干线通信和野战通信等。

3. 抗电磁干扰，传输质量佳。

4. 光纤尺寸小、重量轻，便于敷设和运输。

5. 材料来源丰富，环境保护好。

6. 抗辐射性强，难以窃听。

7. 光缆适应性强，寿命长。

无线光通信是以大气作为传输媒质来进行光信号传送的。只要在收发两个端机之间存在无遮挡的视距路径和足够的光发射功率，就可以进行通信。无线光通信的基本原理为：信息电信号通过调制加载在光上，通信的双端通过初定位和调整，再经过光束的捕获—对准—跟踪（APT）建立起光通信的链路，然后再通过光在真空或大气信道中传输信息。

一个无线光通信系统包括三个基本部分：发射机、信道和接收机。在点对点传输的情况下，每一端都设有光发射机和光接收机，可以实现全双工的通信。系统所用的基本技术是光电转换。光发射机的光源受到电信号的调制，通过作为天线的光学望远镜，将光信号通过大气信道传送到接收机望远镜。在接收机中，望远镜接收到光信号并将它聚焦在光电检测器中，光电检测器将光信号转换成电信号。

无线光通信系统具有如下特点和优势。

1. 频带宽，速率高：从理论上讲，与光纤通信的传输带宽相同。目前最高速率可达2.5Gbit/s，最远可传送4km。

2. 频谱资源丰富：不需要申请频率执照，也不需要交纳频率占用费，这是一般微波通信和无线通信无法比拟的。

3. 适用任何通信协议。

4. 架设灵活便捷：可以直接架设在屋顶，以及在江河湖海上进行通信，可以完成地对空、空对空等多种光纤通信无法完成的通信任务，而且无需埋设光纤。

5. 安全可靠：由于光通信具有非常好的方向性和非常窄的波束，所以窃听和人为干扰几乎是不可能的。

无线光通信可在以下一些范围发挥重要作用：作为预防服务中断的光纤通信和微波通信的备份，应用于移动通信基站间的互连、无线基站的数据回传，应用于近距离高速网的建设以及最后一英里接入，不宜布线或是布线成本高、施工难度大、经市政部门审批困难的地方，在军事设施或其他要害部门需要严格保密的场合，用于企业内部网互连和数据传输。

实验 5.34　无线光通信

【实验目的】

了解无线光通信的原理、特点及应用，实现无线光通信的实验演示。

【实验仪器】

实验装置如图 5.34-1 所示。

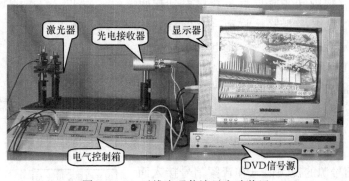

图 5.34-1　无线光通信演示实验装置

【实验原理】

随着信息化社会的到来，通信技术也得到了日新月异的发展，而光通信已成为通信技术的主流。无线光通信是光通信领域除了光纤通信外又一重要方式。它是一种利用激光来传输高速信号的无线传输技术，以空气为媒质，实现点对点或点对多点等方式的连接，其原理与光纤通信系统类似，因此又有"虚拟光纤"的美誉。无线光通信结合了无线和光纤的优势，具有如下优点：（1）频带宽，速率高，容量大；（2）架设灵活便捷；（3）适用任何通信协议；（4）无需申请频率；（5）传输保密性好；（6）成本低。这种技术在很多场合得到了广泛的应用，如宽带光接入、局域网的互联、基站间互连等。本实验利用电视信号调制 LD 的电流来调制其光强，在另一端接收光信号，并还原为电信号送入电视机进行显示，实现了一个无线光通信系统。此实验有助于学生对无线光通信系统有一个基本的理解。

无线光通信实验演示主要包含两部分：光发射和光接收。

光发射是通过调制驱动使发射的激光束中含有信息，同时可调节驱动部分使 LD 发射的光功率大小可变。光接收部分是：LD 辐射的光照到光电探测器（Photodetector，简称 PD），把光信号转化为电信号，然后经过放大及信号处理可以送入显示器显示图像和信息。

无线光通信实验演示框图如图 5.34-2。

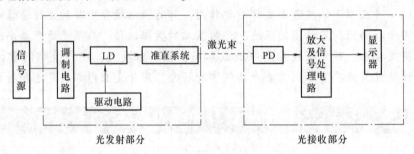

图 5.34-2　无线光通信实验框图

无线光通信实验展示功能图如图 5.34-3 所示。

将 DVD 播放机输出的 Video（视频）和 Audio（音频）作为信号源，通过电光内调制，直接调制在 650nm 的激光源上，然后，此半导体激光器发射的可见光束已经带有视频和音频信息，直接射到接收端上，接收端上的光电探测器接收到带有信号载体的光波，将光信号转换成电信号，此电信号通过适当处理，还原成 DVD 中的 Video 和 Audio 信号，再在电视机上显示播放，这就完成了激光传输系统的演示功能。

【实验步骤】

1. 把 DVD 信号源的视频信号和音频信号接入面板的 INPUT 中的 VIDEO、AUDIO 处。

2. 把视频 LD 和声频 LD 接入 LASER 处。

3. 把 Audio 和 Video detector 中的电源线接入到面板中的 D. C supply 处。

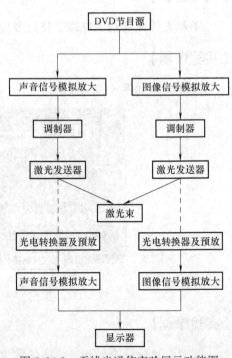

图 5.34-3　无线光通信实验展示功能图

4. 开启总电源及 LASER 电源开关。

5. 调节固定 LD 的支架使出射光等高准直。

6. 调节接收器高度使光束直射到光电探测器接收面上。

7. 将视频、音频接收器的信号输出端插入显示器（电视机）VIDEO 和 AUDIO 处，然后显示器上播放 DVD 的图像和声音。

实验 5.35　全息照相

【实验目的】

1. 了解全息照相的基本原理。
2. 观察全息图，熟悉全息图的特点。

【实验装置】

光学平台、扩束透镜、反射镜和分束镜、氦氖激光器及电源、快门及曝光定时器、全息干板、被摄物体、显影液、定影液等，如图 5.35-1 所示。

【实验原理】

图 5.35-1　全息照相装置

全息照相的基本原理是 D. 伽柏在 1948 年提出的，伽柏也因此获得了 1971 年的诺贝尔物理学奖。

但是，由于受光源的限制，在激光出现以前，全息技术发展缓慢。20 世纪 60 年代以后，激光的出现为全息照相提供了辐射强度高和相干性好的光源，使全息照相技术有了迅速而广泛的发展，开辟了许多有趣而新颖的用途。目前，全息技术在干涉计量、信息存储、光学滤波以及光学模拟计算等方面得到了越来越广泛的应用，在许多领域中显示了其独特的优点。

全息照相与普通照相的基本原理、拍摄过程和观察方法均不相同。

普通照相术是根据几何光学的原理，利用照相机物镜系统成像，将物体发出或散射的光波（通常称为物光）的光强分布（即振幅分布）记录在感光底片平面上。由于底片上的感光物质只对光的光强有响应，对相位分布不起作用，所以在照相过程中把光波的相位分布这个重要的信息丢失了。因而，在所得到的照片中，物体的三维特征消失了，不再存在视差，当改变观察角度时，并不能看到像的不同侧面。

全息技术则完全不同，它是利用了波的干涉和衍射规律。从光的干涉原理可知：当两束相干光波相遇，发生干涉叠加时，其合光强不仅依赖于每一束光各自的光强，也依赖于这两束光波之间的相位差。全息照相就是引进了一束与物光相干的参考光，使这两束光在感光底片处发生干涉叠加，感光底片将与物光有关的振幅和相位分别以干涉条纹的反差和条纹的间隔形式记录下来，经过适当的处理，便得到一张全息照片。直接观察拍好的全息照片，看到的只是各处明暗不同、间隔不同的物光与参考光的干涉条纹，只有将拍照光按一定方向照射在全息图上，通过全息图的衍射，才能重现物光波前，使我们看到逼真的物的立体像。当以不同的角度观察时，就像观察一个真实的物体一样，能够看到像的不同侧面，也能在不同的距离聚焦。因此，全息照相包括物光波前的全息记录和全息像重现两部分。

1. 全息记录

典型的全息记录光路如图 5.35-2 所示。从激光器发出的相干光波被分束镜分成两束，透过分束镜的光经反射、扩束后照在被摄物体上，再经物体反射的光照射到感光底片上，这束光称为物光；从分束镜反射的光再经反射、扩束后直接照射在感光底片上，这束光称为参考光。由于这两束光是相干的，所以在感光底片上就形成并记录了明暗相间的干涉条纹。干涉条纹的形状和疏密反映了物光的相位分布，而干涉条纹明暗的反差反映了物光的振幅分布，即感光底片上将物光的全部信息都记录下来，这正是全息照相名称的由来。经过显影、定影处理后，便形成与光栅相似结构的全息图 —— 全息照片。所以全息图不是别的，正是参考光波和物光波干涉图样的记录。显然，全息照片本身和被拍摄的物体没有任何相似之处。

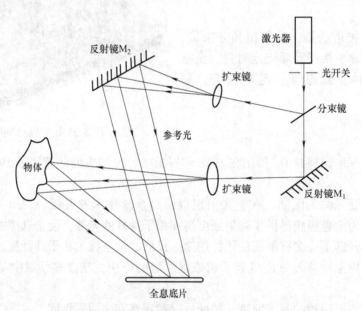

图 5.35-2　全息记录光路图

2. 全息像的重现

用一束与参考光完全相同（即波长和方向相同）的光照在全息图上，这个布满干涉条纹的全息图就像是一块复杂的光栅，光照在上面时发生衍射，在衍射光波中包含有原来的物光的波前，因此，当观察者迎着衍射光并沿 +1 级衍射方向观察时，便可看到一幅非常逼真的原物的再现像。这是一个虚像。此外在 −1 级衍射方向上还有一个实像，称为共轭像。

如果将全息照片打碎，任取其一个碎片，照样可以用来观察原物的像，犹如通过小窗口观察物体

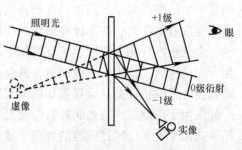

图 5.35-3　全息像的重现

那样，仍能看到物体的全貌。这是因为全息照片上的每一个小的局部都完整地记录了整个物体的信息（每个物点发出的球面光波都照亮整个感光底片，并与参考光波在整个底片上发生干涉，因而整个底片上都留下了这个物点的信息）。当然，由于受光面积减少，成像光束的光强要相应地减弱，而且由于全息图变小，边缘的衍射效应增强而必然会导致像质的下降。

全息照片还具有另外一个特点：在同一张照片上，可以重叠数个不同的全息图像。在记录时或改变物光与参考光之间的夹角，或改变物体的位置，或改变被摄的物体等时，一一曝光之后再进行显影与定影，再现时能一一重现各个不同的图像。

【实验内容与步骤】

1. 全息记录

（1）打开激光器，参照图 5.35-2 安排好光路，使光路系统满足下列要求。

1）物光和参考光的光程大致相等。

2）经扩束镜扩展的参考光应均匀照在整个底片上，被摄物体各部分也应得到较均匀的照明。

3）在底片处物光和参考光的光强比约为 1：2～1：6。

（2）调好曝光定时器的曝光时间。可以先练习一下快门的使用。

（3）打开遮光开关遮住激光，关上房间里的照明灯（可开暗绿灯），将底片从暗盒中取出装在底片架上，应注意使乳胶面对着激光的入射方向。静置 3min 后进行曝光。曝光过程中绝对不准触及防震台，并保持室内安静。

（4）对曝光后的底片进行显影及定影。定影后的底片应放在清水中冲洗 5～10min（长期保存的底片定影后要冲洗 20min 以上），晾干。

2. 物像再现

将晾干的全息底片放回底片架上，遮住物光，用参考光束照亮全息底片。

（1）迎着光沿 +1 级衍射方向观察物的虚像（见图 5.35-3）。改变观察角度，看看虚像有何不同。

（2）平移全息底片，使其向光源靠近或远离，观察虚像的变化。

（3）用一张有小孔的黑纸贴近全息底片，人眼通过小孔观察全息虚像，看到的是再现像的全部还是局部？移动小孔的位置，看到虚像有何不同？

（4）沿 -1 级衍射光方向，用毛玻璃屏接收物体的共轭实像（见图 5.35-3）。

实验 5.36　白光反射全息图

【实验目的】

了解白光反射全息图的原理。通过观察全息图像感受全息照相的无穷魅力。

【实验装置】

射灯、白光反射全息图，如图 5.36-1 所示的两幅图。

图 5.36-1　白光反射全息图

【实验原理】

这是应用激光照相技术拍摄的全息像，它与普通照相不同，普通照相是记录了光的光强，因此影像是平面的。白光反射全息图是利用光学原理在人的视觉上再现物体三维信息的一种技术。它利用光的干涉和衍射原理，将物体反射的特定光波以干涉条纹的形式记录下来，并在一定条件下使其再现，形成原物逼真的三维像。由于这种方法不仅能记录下物体不同部位的光强信息，而且还能记录物体前后不同部位的相位信息，所以称之为全息照相技术。

【实验步骤】

在白光射灯照明下，观察全息再现像。

实验 5.37　大型动态全息图

【实验目的】

了解白光透射全息图的原理，动态观察全息图像，感受其巨大的乐趣和魅力。

【实验装置】

照射灯、白光透射全息图、整体支架、反光面板，如图 5.37-1 所示。

【实验原理】

再现像随人眼移动或全息片移动而看起来在运动变化的全息图叫动态全息图。光学真彩色动态全息图的制作是目前全息术中的一大难题。浙江师范大学信息光学研究所

图 5.37-1　动态全息图演示装置

的金伟民等人发明了一种用连续激光制作动态自发光物体体视彩虹全息技术。先用自制的透镜线阵照相机拍摄动态自发光物体的初级体视图，然后用连续激光照明初级体视图，透镜线阵此时不仅起到成像作用，而且起到了彩虹全息术中的狭缝作用。另有人经过实践提出了一种单波长单光束真彩色彩虹全息图制作技术：先制作三片彩虹编码片，然后利用图像处理软件对图像进行分色并输入 LCD 液晶屏作为掩模，用单光束光路制作真彩色彩虹全息图。这种方法解决了传统方法中三分色片对位困难和制作分色片手续繁琐两个问题。

【实验步骤】

打开白光射灯电源开关，在白光射灯照明下，通过移动脚步动态观察全息像。

【注意事项】

要观察到动态效果，需要观察者动起来，脚步的位置要移动，头的高低、眼睛的视角也要变，而不是全息像本身在动。

实验 5.38　θ 调制

【实验目的】

1. 通过演示黑白图像经空间滤波后变为彩色图像，了解光学信息处理中的空间滤波概念。

2. 了解 θ 调制物片的结构和作用，初步学习空间滤波技术。

【实验装置】

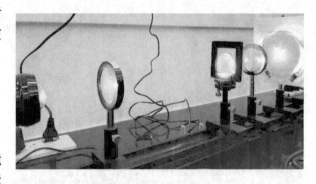

光具座、12V 溴钨灯、一个汇聚透镜（$L_1 - f = 4.5\text{mm}$）、两个傅里叶变换透镜（$L_2 - f = 190\text{mm}$，$L - f = 225\text{mm}$）、θ 调制板、白屏等，如图 5.38-1 所示。

图 5.38-1　θ 调制实验装置

【实验原理】

θ 调制又称为分光滤波，是说明空间滤波的一种有趣的关于光信息处理的实验。θ 调制实验所用的物片是将图像中的不同部分分别用不同取向的光栅制成，即对图像以不同方向的光栅予以调制。白光通过这个物片后，由于光栅的衍射，将产生数条不同取向的彩色光谱，每一条彩色光谱对应于物片上的一个部分。用择色光阑（即在挡光板上设置数个孔洞，以选择特定颜色的光从一定的孔洞中通过）对于物片的不同部分截取不同的颜色，可形成图像的彩色像。本实验用三块不同取向的光栅截取的三种不同颜色的图案拼成一幅天安门城楼、天空和大地的图像。三块光栅的栅纹方向互成 60°（见图 5.38-2）。转动择色光阑的角度使各光谱带中通过的颜色发生变化，图像的色彩也随着变化。

【实验步骤】

1. 按图 5.38-3 安置光路。

2. 调节光学系统，使各光学元件等高同轴，使 θ 调制板的图像清晰地成像在屏上。

3. 在频谱面上放一张不透光的白纸，用针扎或别的方法，使相应于天空部分的 1 级衍射的蓝光能透过，使相应于天安门部分的 1 级衍射的红光能透过，相应于大地的 1 级衍射的黄光能透过，在屏幕上就会出现蓝色的天空、红色的天安门和黄色的大地的图形。

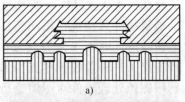
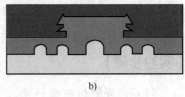

图 5.38-2　不同取向的光栅

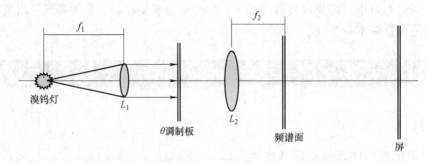

图 5.38-3　θ 调制光路

【注意事项】

1. 不要用手触摸光栅及各光学元件的表面。

2. θ 调制板不要夹得过紧。

实验 5.39　光学显微镜的构造和使用

【实验目的】

掌握普通光学显微镜的基本构造、使用方法、保护要点。

【实验装置】

光学显微镜，如图 5.39-1 所示。

1. 显微镜的基本构造

光学显微镜的基本构件由机械装置和光学系统两大部分组成。

（1）机械装置　**底座**（Base）**和镜臂**（Arm）：镜座位于显微镜底部，呈马蹄形，它支持全镜。镜臂有固定式和活动式两种，活动式的镜臂可改变角度。镜臂支持镜筒。

镜筒（Body tube）：是由金属制成的圆筒，上接目镜，下接转换器。镜筒有单筒和双筒两种，单筒又可分为直立式和后倾式两种。而双筒则都是倾斜式的，倾斜式镜筒倾斜45°。双筒中的一个目镜有屈光度调节装置，以备在两眼视力不同的情况下调节使用。

转换盘（Nosepiece）：为两个金属碟所合成的一个转盘，其上装 3 ~ 4 个物镜，可使每个物镜通过镜筒与目镜构成一个放大系统。

载物台（Stage）：又称镜台，为方形或圆形的盘，用以载放被检物体，中心有一个通光孔。在载物台上有的装有两个金属压夹，称为标本夹，用以固定标本。有的装有标本推动器，将标本固定后，能向前后左右推动。有的推动器上还有刻度，能确定标本的位置，便于找到变换的视野。

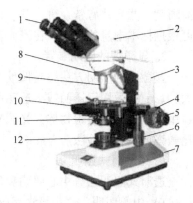

图 5.39-1　光学显微镜的基本结构
1—目镜　2—镜筒　3—镜臂　4—粗调螺旋
5—微调螺旋　6—标本移动螺旋　7—底座
8—接物镜及转换盘　9—物镜　10—载物台
11—聚光器　12—光源

调焦装置：是调节物镜和标本间距离的机件，有粗动螺旋（Coarse Adjustment）即粗调节器和微动螺旋（Fine Adjustment）即细调节器，利用它们使镜筒或镜台上下移动，当物体在物镜和目镜焦点上时，则得到清晰的图像。

（2）光学系统

物镜（Objective）：安装在镜筒下端的转换器上，因接近被观察的物体，故又称接物镜。其作用是将物体做第一次放大，是决定成像质量和分辨能力的重要部件。物镜上通常标有数值孔径、放大倍数、镜筒长度、焦距等主要参数。如：NA0. 30；10 ×；160/0. 17；16mm。其中"NA0. 30"表示数值孔径（Numerical Aperture，简写为 NA），"10 ×"表示放大倍数，"160/0. 17"分别表示镜筒长度和所需盖玻片厚度（mm），16mm 表示焦距。

目镜（Ocular Lens）：装于镜筒上端，由两块透镜组成。目镜把物镜造成的像再次放大，不增加分辨力，上面一般标有 7 ×、10 ×、15 × 等放大倍数，可根据需要选用。一般可按与物镜放大倍数的乘积为物镜数值孔径的 500 ~ 700 倍，最大也不能超过 1000 倍来选择。目镜的放大倍数过大，反而影响观察效果。

聚光器（Condenser）：光源射出的光线通过聚光器汇聚成光锥照射标本，增强照明度和造成适宜的光锥角度，提高物镜的分辨力。聚光器由聚光镜和虹彩光圈（Iris Diaphragm）组成，聚光镜由透镜组成，其数值孔径可大于1，当使用大于 1 的聚光镜时，需在聚光镜和载玻片之间加香柏油，否则只能达到 1.0。虹彩光圈由薄金属片组成，中心形成圆孔，推动把手可随意调整透进光的强弱。调节聚光镜的高度和虹彩光圈的大小，可得到适当的光照和清晰的图像。

光源（Light Source）：较新式的显微镜其光源通常是安装在显微镜的镜座内，通过按钮开关来控制。老式的显微镜大多是采用附着在镜臂上的反光镜，反光镜是一个两面镜子，一面是平面，另一面是凹面。在使用低倍和高倍镜观察时，用平面反光镜；使用油镜或光线弱时可用凹面反光镜。

滤光片（Filter）：可见光是由各种颜色的光组成的，不同颜色的光线波长不同。若只需某一波长的光线，就要用滤光片。选用适当的滤光片，可以提高分辨力，增加影像的反差和清晰度。滤光片有紫、青、蓝、绿、黄、橙、红等各种颜色，分别透过不同波长的可见光，可根据标本本身的颜色，在聚光器下加相应的滤光片。

2. 显微镜的照明装置

显微镜的照明方法按其照明光束的形成，可分为"透射式照明"和"落射式照明"两大类。前者适用于透明或半透明的被检物体，绝大多数生物显微镜属于此类照明法；后者则适用于非透明的被检物体，光源来自上方，又称"反射式或落射式照明"，主要应用于金相显微镜或荧光镜检法。

（1）透射式照明

透射式照明法分中心照明和斜射照明两种形式。

1）中心照明：这是最常用的透射式照明法，其特点是照明光束的中轴与显微镜的光轴同在一条直线上。它又分为"临界照明"和"柯勒照明"两种。

a. 临界照明（Critical Illumination）：这是普通的照明法。这种照明的特点是光源经聚光镜后成像在被检物体上，光束狭而强，这是它的优点。但是光源的灯丝像与被检物体的平面重合，这样就造成被检物体的照明呈现出不均匀性，在有灯丝的部分明亮，无灯丝的部分则暗淡。这不仅影响成像的质量，更不适合显微照相，这是临界照明的主要缺陷。其补救的方法是在光源的前方放置乳白和吸热滤色片，使照明变得较为均匀和避免光源的长时间照射而损伤被检物体。

b. 柯勒照明：柯勒照明克服了临界照明的缺点，是研究用显微镜中的理想照明法。这种照明法不仅观察效果佳，而且是成功地进行显微照相所必需的一种照明法。光源的灯丝经聚光镜及可变视场光阑后，灯丝像第一次落在聚光镜孔径的平面处，聚光镜又将该处的后焦点平面处形成第二次的灯丝像。这样在被检物体的平面处没有灯丝像的形成，不影响观察。此外照明变得均匀。观察时，可改变聚光镜孔径光阑的大小，使光源充满不同物镜的入射光瞳，而使聚光镜的数值孔径与物镜的数值孔径匹配。同时聚光镜又将视场光阑成像在被检物体的平面处，改变视场光阑的大小可控制照明范围。此外，这种照明的热焦点不在被检物体的平面处，即使长时间地照明，也不致损伤被检物体。

2）斜射照明：这种照明光束的中轴与显微镜的光轴不在一直线上，而是与光轴形成一定的角度斜照在物体上，因此成斜射照明。相衬显微术和暗视野显微术就用斜射照明。

（2）落射式照明

这种照明的光束来自物体的上方，通过物镜后射到被检物体上，这样物镜又起着聚光镜的作用。这种照明法适用于非透明物体，如金属，矿物等。

【实验原理】

显微镜是一种精密的光学仪器，已有300多年的发展史。自从有了显微镜，人们看到了过去看不到的许多微小生物和构成生物的基本单元——细胞。目前，不仅有能放大千余倍的光学显微镜，而且有放大几十万倍的电子显微镜，还有放大倍数更大的原子力显微镜、扫描隧道显微镜等，使我们能够对生物体的生命活动规律有更进一步的认识。

光学显微镜的工作原理与折射望远镜极为相似，仅有一些细微的差别。下面让我们简单地了解一下望远镜的工作原理。望远镜要从昏暗、遥远的物体上采集大量光线，需要巨大的物镜，从而尽可能多地采集一些光线并使物体看起来更加明亮。物镜很大，因而物体的图像会出现在一段距离之外的焦点位置，这就是为何望远镜比显微镜长得多的原因。望远镜的目镜随后放大图像，使物体就像在您眼前一样。与望远镜相反，显微镜必须从距离很近、范围极小、厚度极薄且明亮清晰的样本上采集光线，因此，显微镜不需要巨大的物镜。相反，显微镜的物镜很小，而且呈球形，这就意味着显微镜两侧的焦距都要短得多。物镜将物体的图像对焦在显微镜镜筒内的不远处。随后图像由第二个透镜放大，这个透镜称为接目镜或目镜，使物体如同在您眼前一般。

望远镜和显微镜的另一个主要区别在于，显微镜带有光源和聚光器。聚光器是一种透镜系统，用于将光源的光线聚焦到样本上的一个微小而明亮的点，即物镜检查的同一区域。

显微镜与望远镜还有一个不同之处：后者配有固定物镜和可换目镜，而前者配有可换物镜和固定目镜。通过更换物镜（从相对扁平、低放大倍数的物镜到较圆、高放大倍数的物镜），显微镜可以观察越来越微小的区域——采光不是显微镜物镜的主要任务，但却是望远镜的。

【实验步骤】

1. 观察前的准备

（1）当将显微镜从显微镜柜或镜箱内拿出时，要用右手紧握镜臂，左手托住镜座，平稳地将显微镜搬运到实验桌上。

（2）将显微镜放在自己身体的左前方，离桌子边缘约10cm左右，右侧可放记录本或绘图纸。

（3）调节光照：对于不带光源的显微镜，可利用灯光或自然光通过反光镜来调节光照，光线较强的天然光源宜用平面镜；光线较弱的天然光源或人工光源宜用凹面镜，但不能用直射阳光，直射阳光会影响物像的清晰度并刺激眼睛。将 10 × 物镜转入光孔，将聚光器上的虹彩光圈打开到最大位置，用左眼观察目镜中视野的亮度，转动反光镜，使视野的光照达到最明亮最均匀为止。自带光源的显微镜可通过调节电流旋钮来调节光照强弱。凡检查染色标本时，光线应强；检查未染色标本时，光线不宜太强。可通过扩大或缩小光圈、升降聚光器、旋转反光镜来调节光线。

2. 低倍镜观察

镜检任何标本都要养成必须先用低倍镜观察的习惯。因为低倍镜视野较大，易于发现目标和确定检查的位置。

将标本片放置在载物台上，用标本夹夹住，移动推动器，使被观察的标本处在物镜正下方，转动粗调节旋钮，使物镜调至接近标本处，用目镜观察并同时用粗调节旋钮慢慢下降载物台，直至物像出现，再用细调节旋钮使物像清晰为止。用推动器移动标本片，找到合适的目的像并将它移到视野中央进行观察。

3. 高倍镜观察

在低倍物镜观察的基础上转换高倍物镜。较好的显微镜，低倍、高倍镜头是同焦的，在转换物镜时要从侧面观察，避免镜头与玻片相撞。然后从目镜观察，调节光照，使亮度适中，缓慢调节粗调节旋钮，慢慢下降载物台直至物像出现，再用细调节旋钮调至物像清晰为止，找到需观察的部位，并移至视野中央进行观察，同时准备用油镜观察。

4. 观察完后复原

将各部分还原，转动物镜转换器，使物镜头不与载物台通光孔相对，而是成八字形位置，再将载物台下降至最低，降下聚光器，反光镜与聚光器垂直，最后用柔软纱布清洁载物台等机械部分，然后将显微镜放回柜内或镜箱中。

【注意事项】

1. 镜面只能用擦镜纸擦，不能用手指或粗布，以保证光洁度。

2. 当观察标本时，必须依次用低、高倍镜。当目视接目镜时，切不可使用粗调节器，以免压碎玻片或损伤镜面。

3. 拿显微镜时，一定要右手拿镜臂，左手托镜座，不可单手拿，更不可倾斜拿。

实验 5.40　天文望远镜的结构和使用

【实验目的】

了解天文望远镜的构造和原理，掌握天文望远镜的使用。

【实验装置】

天文望远镜如图 5.40-1 所示，其结构示意图如图 5.40-2 所示。

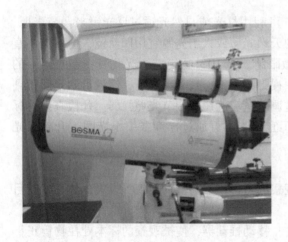

图 5.40-1　天文望远镜

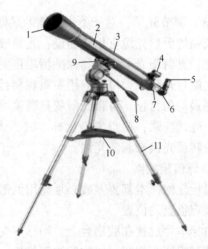

图 5.40-2　天文望远镜结构示意图

本实验所用天文望远镜的结构：1 为主镜筒，2、3 为寻星镜及支架，4 为赤道仪，5 为纬度刻度盘，6 为附件盘/中心杆，7 为三脚架，8、9 为平衡锤/杆，10 为赤纬定环，11 为鸠尾板。

【实验原理】

利用天文望远镜可以观测遥远的天体，测定天体的位置，放大有视面天体（卫星、行星、星云和星系）的角直径。

天文望远镜的光学部分由物镜和目镜组成，物镜的作用是使遥远天体在近处成像和大量收集由天体发出的光辐射。目镜的作用主要是放大对天体所张的角距。

1. 天文望远镜的主要光学结构及性能

天文望远镜的主要光学结构：

口径：物镜的未被遮掩、真正起到集光作用部分的直径，口径大小决定望远镜的集光能力与解像能力，口径愈大愈亮，解像能力愈高。

焦距：从物镜到焦点距离，一般以"f"表示，单位为 mm。如 $f = 600\text{mm}$ 表示焦距 600mm。

焦比：焦距与口径之比。相当于镜头的光圈，以"F"表示，F 值越低，亮度越高。

倍率：物镜焦距与目镜焦距之比。物镜焦距越长，或更换越短焦的目镜，倍率越大。

光轴：望远镜中光路的轴心。若光轴偏斜，望远镜便不能发挥最佳性能，严重时可能无法成像。

镀膜：在镜片表面镀上一层特殊的金属化合物，目的是减少反光，增加光线透射率。

寻星镜：是一支低倍的小望远镜架在主镜上，利用其视野较广的特性，方便搜索天体。

赤道仪：赤道仪的功能除了承载望远镜之外，最重要的是由步进电动机带动赤经轴，使望远镜能跟随星体移动，常见的有德式与叉式两种，其中又以德式最普遍。以下就德式赤道仪做简单介绍。

天球北极与南极的连线称为极轴。

赤经轴：赤道仪中与极轴平行的旋转轴称为赤经轴。

赤纬轴：赤道仪中与极轴垂直的旋转轴称为赤纬轴。

极轴望远镜：极轴望远镜的功能就是校正赤道仪赤经轴，使其与极轴平行。

平衡锤：安装在赤道仪的赤纬轴底部，可上下调整，用来平衡望远镜的重量，平衡的步骤在德式赤道仪中是非常重要的，关系到赤道仪的寿命。

电动机：带动赤经轴旋转使赤道仪转速与地球自转同步，需要配合控制器使用。

刻度盘：赤经轴与赤纬轴上都有刻度盘，受限于精度，刻度盘仅供参考用。

2. 天文望远镜的光学系统

天文望远镜的型式是由它的物镜所决定的。物镜为透镜的是折射望远镜，物镜为反射镜的是反射望远镜，物镜由反射镜和校正透镜组成的是折反射望远镜。

（1）折射式望远镜

折射式望远镜的构造如图 5.40-3 所示。

折射式望远镜主要由两个透镜所组成：大的一个，焦距长，较靠近物体的透镜称为物镜，其作用是在焦面上形成天体或远处物体的像；小的一个，焦距短，较靠近眼睛的透镜称为目镜，其作用是放大物镜形成的像。

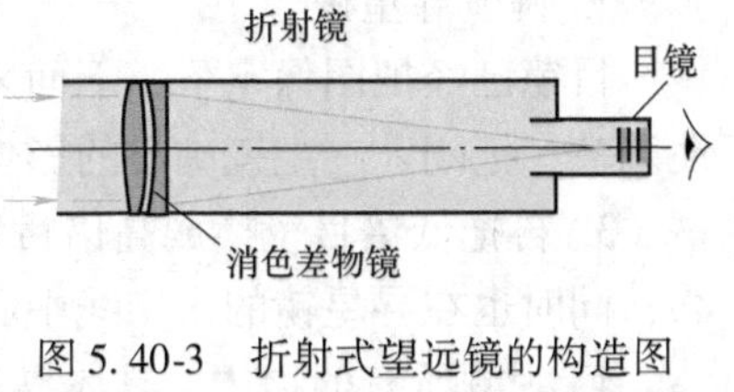

图 5.40-3　折射式望远镜的构造图

（2）反射式望远镜

反射式望远镜中有牛顿式、卡塞格林式、焦点式和格里哥利式四种型式。其中前两种用得较多，其光学系统如图 5.40-4 所示。

（3）折反射式望远镜

折反射式望远镜的构造如图 5.40-5 所示。折反射式望远镜是折射式和反射式的结合，最大的特征是在反射镜的前方增加一片校正镜，以修正球面镜可能造成的像差，由于镜筒密闭性较反射式好，所以无落尘与筒内气流现象，校正镜所造成的色差也极轻微，与折射镜相比，其光学设计可有效缩短镜筒长度，但成像品质及反差通常还是以折射镜较佳。一般常见的折反射式望远镜类型有：施密特-盖赛格林式（Schmidt-Cassegrain）、马克斯托夫式（Maksutov-Cassegrain）。

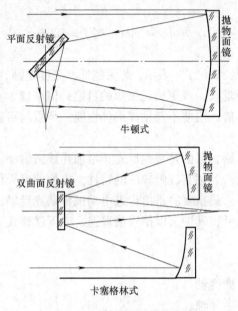

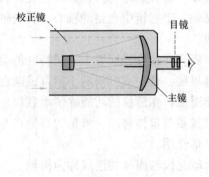

图 5.40-4　反射式望远镜的光路图　　　　图 5.40-5　折反射式望远镜的结构图

【实验步骤】

1. 调节主镜和寻星镜的光轴平行

将望远镜安装完毕后，把目镜接筒上的两个紧固螺钉松开。取出低倍目镜把它装到目镜接筒上，再把螺钉拧紧。选一处比较大的建筑目标，如烟囱、空调室外机等，用目镜慢慢找准所看物体，调节调焦旋钮以获得远处目标物体的模糊影像，再慢慢前后调节调焦旋钮，直到物像清晰起来，并让影像处于目镜视场中心，找到后，把脚架全部锁紧。注意，仔细的观察主镜里的影像，在脑子中把主镜视野画个十字平均，看看中心点是影像的什么部分。

2. 调节寻星镜

目镜已经把图像定下，下面来调节寻星镜。转动寻星镜上的三个螺钉，上下、左右慢慢地调节，把刚才在主镜中心的影像调节到寻星镜十字丝的中心。

3. 再把低倍目镜换成高倍目镜，重复上述步骤。如果在最高倍率目镜下观察到像的中心，同时也在寻星镜的十字线中心，则光轴的调节工作大功告成。

4. 观测所有的物体。具体操作如下：

松开刚才锁死的脚架，慢慢地移动到观测物体的大致方位，动作要轻，否则寻星镜可能会晃动，前面的工作就白费了。移动到大致位置后，首先通过寻星镜内观察瞄准，把要观察的物体放到寻星镜的十字中间（是转动脚架，而不是寻星镜）。到了中心后，观察主镜，你就会发现被观测物体出现在目镜的视场中，调节焦距就会变清楚。如果看不见，还是说明光轴没调节好，或者移动的时候不小心动了寻星镜，只能重新调节光轴的平行。

【注意事项】

1. 在任何情况下，先用寻星镜寻找物体，因为寻星镜的视角更大，这样可以极大加快粗调速度。

2. 在一般情况下，先装低倍目镜，再逐渐提高所需要的倍数。换目镜时要进行必要的调焦。

3. 不要被所看到的上下、左右颠倒的图像所困扰，对天文望远镜来说这是一个正常情况。

实验 5.41 视 觉 暂 留

【实验目的】

通过对本实验现象的观察，了解视觉暂留的形成原因和形成原理，解释生活中我们观察到的视觉暂留现象，对其相关应用、对人眼为何能观看电影的原理有进一步的认识和理解。

【实验装置】

12 块环状楼梯模型、频闪仪，如图 5.41-1 所示。

【实验原理】

视觉暂留又称"余晖效应"。人眼观看物体时，成像于视网膜上，并由视神经输入人脑，感觉到物体的像。物体在快速运动时，当人眼所看到的影像消失后，人眼仍能继续保留其影像 0.1 ~0.4s 左右的图像，这种现象被称为视觉暂留现象，它是人眼具有的一种性质。

本演示仪利用人眼的视觉惰性即视觉暂留，结合频闪灯的特殊作用，演示电影成像的原理。视觉实际上是靠眼睛的晶状体成像，感光细胞感光，并且将光信号转换为神经电流，传回大脑引起人体视觉。感光细胞的感光是靠一些感光色素，感光色素的形成是需要一定时间的，这就形成了视觉暂停的机理。

图 5.41-1 视觉暂留演示装置

在一圈环状排列的楼梯状模型上，各个"楼梯"上有不同形状的弯管处于"楼梯"的不同高度。在圆环中央的上方有一个能间断发光的频闪仪，调整频闪仪的闪光频率，可以让闪光灯按不同的频率闪亮。当环状楼梯模型按一定速度旋转时，适当调节频闪仪的频率，使闪光的周期与"楼梯"每转过一格的时间相同，则人眼看见的楼梯保持相对静止，而"楼梯"上的钢管则上下不断变换位置，就像在爬楼梯一样。这个情况与看动画片的原理一样。如果频闪仪的频率与旋转楼梯的转速配合不当，那么视觉暂留的现象就难以产生。

【实验步骤】

1. 打开环状楼梯的电动机开关。

2. 当电动机转动平稳后，打开频闪灯开关，适当调节频闪灯频率的粗调（转换开关）、细调（电位器）旋钮，直到看到"楼梯"相对稳定不动，而"楼梯"上的钢管在台阶上跳动。

3. 实验结束后，分别关闭频闪灯和电动机开关。

【注意事项】

频闪仪闪亮的时间不能过长，以免闪光灯过热而损坏。

实验 5.42　扫描成像原理

【实验目的】

通过演示使观众亲身体验视觉暂留的结果，了解扫描成像的原理及其应用。

【实验装置】

扫描成像演示实验装置如图 5.42-1 所示。

【实验原理】

该仪器上有一个快速旋转的圆盘，圆盘上有很多螺旋状分布的小孔，当圆盘旋转时从小孔背后的动态光点在人眼中因视觉暂留原理而形成一条条细长的圆弧状细缝的图像。这就是扫描成像的原理，在电影、电视中不乏其应用。

图 5.42-1　扫描成像演示装置

【实验步骤】

打开仪器电源，调节光的亮度和圆盘转速，就可观察扫描成像的现象了。

【注意事项】

在实验过程中，调节合适的亮度和转速，不要过亮、过快。

实验 5.43　普　氏　摆

【实验目的】

通过演示，观众可以亲身体验普氏摆的光学现象，加深对视觉特性的了解。

【实验装置】

普氏摆、光衰减眼镜，如图 5.43-1 所示。

【实验原理】

1922 年，德国物理学家普费驰发现了人眼的一个奇异生理现象，即当一个用绳子悬吊的重摆在一个平面内做往复摆动时，如果用一块茶色镜遮住一只眼睛，然后同时用两只眼睛看到的这个运动摆的轨迹就会从单摆轨迹变为椭圆形轨迹。普氏摆之谜至今没有被完全解开，目前有一种解释是：人之所以能够看到立体的景物，是因为双眼可以各自独立看景物。两眼有间距，造成左眼与右眼图像的差异称为视差，人类的大脑很巧妙地将两眼的图像合成，在大脑中产生有空间感的视觉效果。在这个实验中，所用的光衰减镜引起光强的减弱，使分别进入两只眼睛的物光产生距离感，从而感觉出物体的立体感。

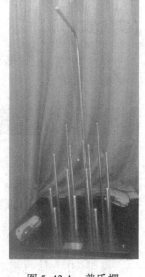

图 5.43-1　普氏摆

【实验步骤】

1. 拉开摆球，使其在两排金属杆之间的一个竖直平面内摆动。
2. 在普氏摆正前方位置观察球摆动的轨迹。
3. 戴上光衰减眼镜再观察摆球的轨迹，发现摆球轨迹变成椭圆。
4. 将光衰减眼镜反转 180°，再观察，发现摆球改变了转动方向。

【注意事项】

1. 摆球的摆动平面要控制在两排金属杆的中间，避免与金属杆相碰。
2. 观察时双眼均要睁开。

实验 5.44　三　基　色

【实验目的】

通过演示，说明三基色以及用三基色合成其他各种颜色的原理。

【实验装置】

三基色演示仪如图 5.44-1 所示。

【实验原理】

自然界绝大部分的彩色都可以由三种基本颜色适当组合匹配形成。这三种基本的颜色称为三基色（或三原色）。作为发光体来说，三基色分别为红、绿、蓝三色。本演示仪器在一只白色的玻璃罩中装有许多红、绿、蓝三种颜色的发光管，分别改变三种颜色发光管的发光数量以改变三种光的光强比例，可以使三种光在玻璃罩中

图 5.44-1　三基色演示仪

混合后变幻出不同的颜色来。

【实验步骤】

打开电源后，由电脑芯片控制，自动改变三种光的颜色的光强，经混合后可以产生各种不同的其他颜色。

实验 5.45　裸眼立体电视

【实验目的】

了解裸眼立体电视的原理、特点、应用，观看颇具震撼力的 3D 影像。

【实验装置】

裸眼 3D 立体电视实物及其播放效果图如图 5.45-1 所示。

图 5.45-1　裸眼 3D 立体显示器及其效果图

【实验原理】

裸眼 3D 立体显示器又称多视角裸眼立体显示器，主要原理是利用人眼视差特性，可以在多人同时裸视条件（无需佩带头盔、偏光镜等辅助设备）下呈现出具有空间深度和影像悬浮于屏幕外的逼真立体影像。

立体显示器根据不同的光学原理和结构，主要分为 HDB（狭缝光栅技术）和 HDL（透镜阵列技术）两个系列立体显示器。

HDL 系列显示器采用透镜阵列技术，通过摩尔纹干涉测量法精确对位和在水平方向上改变光线的传输方向来为双眼提供有细微差异的透视图像，利用两眼视差实现立体效果。在实际应用中，HDL 系列的立体显示器在显示亮度上大大优于 HDB 系列的立体显示器，因为狭缝技术有光的损失，要达到与透镜技术一样视觉效果，只能通过提高亮度与对比度来实现。视觉效果要达到 50lx（勒克斯），透镜仅需要 36% 的亮度与对比度，为了弥补光损失，狭缝就需要近乎 100% 的亮度与对比度。由实验结果可知，为了保证留明度，狭缝产品所需电压与电流越高，其使用年限就越低。在保持相同视觉效果的前提下，狭缝产品的使用年限是透镜产品的 36%。

裸眼 3D 电视的技术原理：双目视差是形成立体视觉的主要因素之一，即要看到立体图像，必须使左右眼分别看到有一定差别的图像。一般的 3D 电视通过特定的装置将输入的两路图像分别转换为左右眼图像。以图 5.45-2a 为例，左眼看见球在它的右边，而右眼看见相同的球在它的左边，左右眼都只能看见自己的一个球，两个眼睛各自看到的球具有不同的空间信息。我们的大脑使用这些信息来判断这些球的距离，产生一个错觉，感到两张球的图片被从屏幕上拔出来，并通过延长线投射在屏幕的前面。在两个眼睛和左右球的光线交汇的地方，就看到一个立体的球在这个位置上。而裸眼 3D 电视不需要观看者带上特殊的眼镜来分光，而是给 LCD 屏加上一层特制的柱面透镜，并利用柱面透镜的天然分光作用分离左右眼图像，使观看者获得更为舒适的立体视觉，如图 5.45-3 所示。

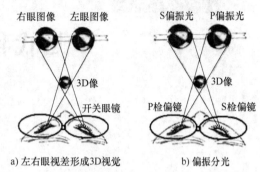

a) 左右眼视差形成3D视觉   b) 偏振分光

图 5.45-2

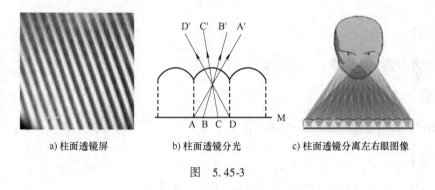

a) 柱面透镜屏   b) 柱面透镜分光   c) 柱面透镜分离左右眼图像

图 5.45-3

【实验步骤】

1. 打开显示器电源开关。
2. 打开控制播放的电脑，使其播放 3D 视频，观看精彩影像。

第 6 章

近代物理基础

实验6.1　激　光　琴

【实验目的】

了解激光琴的工作原理，了解光敏电阻的特性。

【实验装置】

大型墙面式激光琴，如图6.1-1 所示。

【实验原理】

激光琴是一种没有琴弦的琴，代替琴弦的是一束束的激光束。当你用手指遮挡一束光时，激光琴就会发出相应音符的声音，相当于拨动一根琴弦。分别遮挡不同的光束，就如同拨动不同的琴弦一样，可以"弹奏"出不同的音阶和乐曲，同时可以按琴柱上的音乐选择按钮来改变无弦激光琴的音色。

激光琴的下部安装有一排发光二极管，上部与下部对应地安装有一排光敏器件。接通电源后，发光二极管向上发射光束，当照射到相应的光敏电阻时，光敏电阻使开关电路断开，发音电路不工作，没有声音发出。当用手指"轻弹"光束而遮断光路时，改变了光敏电阻的电阻值，产生跳变的电压信号。这个电压信号就触发相应的电路开始工作，从而产生一个具有固定频率的电信号，电信号经电子合成器处理放大后，由扬声器发出声音。这就是激光琴的工作原理。

图 6.1-1　大型墙面式激光琴

【实验步骤】

接通激光琴电源，看到激光束发出后就可伸手遮住光束，琴内就会发出悦耳的声音。遮住不同的光束，琴会有不同的音符发出，从而按照乐曲韵律弹奏出美妙的音乐。

【注意事项】

1. 若出现激光管不亮或琴没有声音的情况，请将电源断开，重新接通。

2. 仪器若超过 36s 无触发信号，则自动进入待机状态，此时将电源开关重新开启一次，即可让仪器重新工作。

实验 6.2　光 栅 光 谱

【实验目的】

1. 理解原子结构、能级、跃迁等概念。

2. 了解原子光谱的成因、特征和应用，了解不同元素光谱的颜色特征。

3. 通过光栅观察光谱管发出的氢、氦、氮、氖、氩、汞气体的光谱。

【实验装置】

多种气体放电管及其支架，观察用的光栅镜片，如图 6.2-1 所示。

【实验原理】

图 6.2-1　光栅光谱演示装置

原子的电子运动状态发生变化时发射或吸收有特定频率的电磁频谱。根据量子力学理论可以计算出原子能级跃迁时发射或吸收的光谱线的位置（波长）和光强（频率）。原子光谱是一些线状光谱，发射谱是一些明亮的细线，吸收谱是一些暗线。原子的发射谱线与吸收谱线位置精确重合。不同原子的光谱各不相同，氢原子光谱最为简单，其他原子光谱较为复杂，最复杂的是铁原子光谱。用色散率和分辨率较大的摄谱仪拍摄的原子光谱还显示光谱线有精细结构和超精细结构。

所有这些原子光谱的特征反映了原子内部电子运动的规律性，提供了原子内部结构的丰富信息。事实上，研究原子结构的原子物理学和量子力学就是在研究、分析和阐明原子光谱的过程中建立和发展起来的。由于原子是组成物质的基本单元，原子光谱的研究对于分子结构、固体结构也有重要意义。原子光谱的研究对激发器的诞生和发展起着重要作用，对原子光谱的深入研究将进一步促进激光技术的发展；反过来，激光技术也为光谱学研究提供了极为有效的手段。原子光谱技术还广泛地用于化学、天体物理、等离子体物理等和一些应用技术学科之中。

不同元素的光谱不同，也就是原子发射或吸收的光的波长不同，因此产生了颜色的差别。每一种元素燃烧时都发出光谱，这种光谱通过三棱镜或光栅后会在屏障上显现出多条亮线，这就是说，元素的光谱只含有有限的几种频率的光谱线，其中会有一条或几条最亮的线，这最亮的线决定了在人眼中所看到的颜色。

天文学家就是利用吸收光谱来查明遥远的恒星大气和星云中所含的元素，观察恒星红移或蓝移也要利用吸收光谱。

本实验为几种气体元素放电光谱的演示，一共有氦、氖、氢、汞、氮、氩六种气体的放电管，能显示出这些气体的特定波长的各种特征谱线。气体放电管由储气室和毛细管构成，其一端为阳极，另一端为阴极。不同的气体放电管充以不同的气体，例如氦气、氖气等。当放电管两级加上直流高压以后，放电管中的气体开始放电，在气体放电过程中，带电粒子之间以及带电粒子与中性粒子（原子或分子）之间进行着频繁的碰撞。碰撞使中性粒子（原子或分子）由基态跃迁到激发态。当原子或分子由激发态跃迁回到基态时发射光子。气体放电发射的光谱与气体元素有关，因为不同原子（分子）的结构各不相同，能级也不相同，因此发射的光谱也彼此各异。

通过衍射光栅可以分别将各种光的光谱分离开来，衍射光栅从中心向两边的分布是随着谱线波长的增大而偏转角依次增大的。若采用正交光栅，则观察到的光谱线呈正交状的排列，各种颜色的谱线从中心向四周在二维方向上交叉展开，十分好看。

【实验步骤】

实验时只需把仪器上相应的气体放电管的按钮按下，再用正交光栅观察，就可看到这种气体放电灯管的光栅光谱。

在仪器台面上最右边有个定时按钮，主要防止工作时间太长后灯管发热，从而影响灯管寿命。定时的时间长短可以调节。

【注意事项】

1. 在演示过程中，各种气体的发光灯管最好不要同时打开，以便于区分各种气体的光栅光谱。

2. 操作者手持光栅，透过光栅观察放电管即可看到光谱。光栅与放电管的距离以 1m 左右为宜。

实验 6.3　太阳电池

【实验目的】

1. 了解太阳电池的原理和应用。
2. 简单了解神舟六号飞船的整体构造。

【实验装置】

神舟六号飞船 1 : 20 模型，如图 6.3-1 所示。

【实验原理】

太阳能是人类取之不尽用之不竭的可再生能源，也是清洁能源，不产生任何环境污染。在太阳能的有效利用当中，太阳能的光电利用是近些年来发展最快、最具活力的研究领域，是其中最受瞩目的项目之一。

图 6.3-1　神舟六号飞船 1 : 20 模型

制作太阳电池主要是以半导体材料为基础，其工作原理是利用光电材料吸收光能后发生光电转换反应。根据所用材料的不同，太阳电池可分为硅基太阳电池和薄膜电池，这里主要讲硅基太阳电池。

1. 半导体的分类

像纯硅和纯锗这种内部具有相同数量的自由电子和空穴的半导体称为本征半导体。实用的半导体一般都是适量掺入了其他种原子的半导体，称为杂质半导体。硅和锗都是 4 价元素，在硅或锗中掺入少量 5 价元素（如磷、砷）的原子，就会使自由电子数大大超过空穴数，由此形成的杂质半导体称为 **N 型半导体**或电子型半导体。如果在硅或锗中掺入少量 3 价元素（如铝、铟）的原子，就会使空穴数大大超过自由电子数，由此形成的杂质半导体称为 **P 型半导体**或空穴型半导体。

2. PN 结

半导体各种应用的最基本的结构或者说核心结构是所谓 **PN 结**。它是在一块本征半导体的两部分分别掺以 3 价和 5 价的杂质而制成的。在 P 型和 N 型半导体的交界处，N 型区的自由电子将向 P 型区扩散，同时 P 型区的空穴将向 N 型区扩散，在交界面附近二者中和（或叫湮灭）。这会导致 N 型区缺少电子而带正电，P 型区缺少空穴而带负电。这种空间电荷分布将在界面处产生一个由 N 区指向 P 区的内电场。这一电场有阻碍电子和空穴继续向对方扩散的作用，最后该电场与电子、空穴的扩散作用达到平衡，结果在交界面附近形成一个没有电子和空穴的"真空地带"薄层，这就是 PN 结。

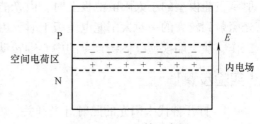

图 6.3-2 PN 结示意图

3. 光电池的形成

利用 PN 结可以做成很多有独特功能的器件，例如光敏二极管、三极管、集成电路和光电池等。

光敏二极管发光的基本原理是利用了 PN 结的正向偏置特性。光敏二极管反向运行，原则上就成了一个光电池，也就是说，当光照射到 PN 结上时，会在 PN 结处产生电子空穴对。在结内电场作用下，N 型区的空穴往 P 型区移动，而 P 型区的电子往 N 型区移动，其结果是 P 型区的电势高于 N 型区，当 P 型区和 N 型区分别与负载相连时，就有电流流过负载了，这时的 PN 结就成了电源，如图 6.3-3 所示。

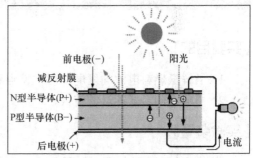

图 6.3-3 PN 结成为电源

目前用硅做的光电池电压约为 0.6V，光能转换为电能的效率不超过 15%。由于半导体不是电的良导体，电子在通过 PN 结后如果在半导体中流动，电阻非常大，损耗也就非常大。但如果在上层全部涂上金属，阳光就不能通过，电流就不能产生。因此，一般用金属网格覆盖 PN 结，形成梳状电极，以增加入射光的面积，如图 6.3-4 所示。

另外，硅表面非常光亮，会反射掉大量的太阳光，为此，给它涂上一层反射系数非常小的保护膜，如图 6.3-5 所示。实际工业生产基本都是用化学气相沉积法沉积一层氮化硅膜，厚度在 1000nm 左右，将反射损失减小到 5% 甚至更小。一个电池所能提供的电流和电压毕竟有限，于是人们又将很多电池（通常是 36 个）并联或串联起来使用，形成太阳电池板。

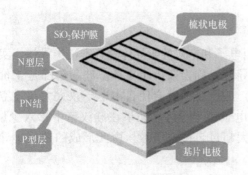

图 6.3-4　梳状电极

图 6.3-5　太阳电池板

本实验装置是 1∶20 的神舟六号飞船模型，在神舟六号飞船的轨道舱上安装一对小一些的太阳能电池板，在推进舱上安装一对大一些的太阳电池板。当有太阳光或相当强度的光照射到飞船模型的小太阳电池板上时，由光能转换的电能将播放事先录制好的宇航员的话，当光照射到较大的一对太阳能电池板上时，由光能转换的电能带动飞船模型主体下方的电动机工作，使飞船模型整体绕自身的中心轴转动。

【实验步骤】

1. 打开替代太阳光的照射灯光开关，使灯光照射在太阳能电池板上。
2. 打开背面的声音信号开关，可以听到宇航员说话。
3. 提起机体摇动锁钮，则飞船整体转动。

实验 6.4　氢燃料电池

【实验目的】

1. 了解氢燃料电池的发电原理、特点和应用。
2. 了解不同形式能量的转换。

【实验装置】

氢燃料电池演示装置，如图 6.4-1 所示。

【实验原理】

过去，人们总以为氢气是一种化学元素，很少把它作为能源来看待。自从出现了火箭和氢弹之后，氢气又变成了航天和核武器的重要材料，现在又将其制成氢燃料电池，为人们提供电能。

氢燃料电池与普通电池的区别主要在于：干电

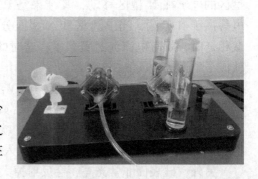

图 6.4-1　氢燃料电池

池、蓄电池是一种储能装置，是把电能储存起来，需要时再释放出来；而氢燃料电池严格地说是一种发电装置，像发电厂一样，是把化学能直接转化为电能的电化学发电装置。但它不像一般非充电电池那样用完就丢弃，也不像充电电池那样用完需继续充电。氢燃料电池正如其名，是继续添加燃料以维持其电力，所需的燃料是"氢"，因此被归类为新能源。

氢燃料电池发电的基本原理是电解水的逆反应，其产物是电和水。具体反应过程为：氢燃料电池含有阴阳两个电极，分别充满电解液。氢燃料电池的电极用特制的多孔性材料制成，这是氢燃料电池的一项关键技术，它不仅要为气体和电解质提供较大的接触面，还要对电池的化学反应起催化作用。氢气由阳极进入，氧气（或空气）则由阴极进入燃料电池。阳极上的氢原子在催化剂作用下分解为两个质子和两个电子，其中质子被氧"吸引"到薄膜的另一边，到达阴极；电子则经由外电路形成电流，从而产生电能后到达阴极。在阴极催化剂的作用下，质子、氧及电子发生化合反应形成水分子。因此可以说，水是氢燃料电池唯一的排放物。

氢燃料电池所使用的"氢"燃料可以来自于任何的碳氢化合物，例如天然气、甲醇、乙醇（酒精）、水的电解、沼气等。由于燃料电池是利用氢及氧的化学反应产生电流及水，不但完全无污染，也避免了传统电池充电耗时的问题，是目前最具发展前景的新能源方式。若能普及应用在车辆及其他高污染的用电工具上，将能显著改善空气污染及温室效应。20世纪 60 年代，氢燃料电池就已经成功地应用于航天领域，往返于太空和地球之间的"阿波罗"飞船就安装了这种体积小、容量大的装置。进入 20 世纪 70 年代以后，随着人们不断地掌握多种先进的制氢技术，氢燃料电池很快就被应用于发电和汽车。用氢燃料电池作汽车动力，无污染环境的有害成分。因此，使用氢燃料电池的汽车才是名副其实的"绿色燃料"汽车。

随着制氢技术的发展，氢燃料电池离我们的生活越来越近。畅想不久的未来，氢气将像煤气一样通过管道被送入千家万户，每个用户则采用金属氢化物的贮罐将氢气储存起来，然后连接氢燃料电池，再接通各种用电设备，它将为人们创造舒适的生活环境，减轻繁重的生活事务。但愿这种清洁方便的新型能源——氢燃料电池早日用于人们的日常生活中。

本实验仪演示电能→化学能→电能→机械能的能量转换过程：

接通仪器电源后，电能把水分解成氢气和氧气，氢气储存在阳极的气瓶中作为燃料电池的燃料，氧气则由阴极进入燃料电池。经由催化剂的作用，使得阳极的氢气分解成质子与电子，其中质子被氧吸引到质子交换膜（PEM）的另一边，电子则经由外电路驱动风扇转动后，到达阴极，在阴极催化剂的作用下，质子、氧及电子发生反应形成水分子。

【实验步骤】

1. 往水瓶中加入去离子水。
2. 接通仪器电源，等待一会儿后，观察仪器各部分的工作情况。

【注意事项】

1. 实验中必须使用去离子水，不可使用其他水，以保证仪器的清洁和安全。
2. 要先装好储氢装置，再通电。

实验 6.5　氢燃料电池小车

【实验目的】

了解氢燃料电池汽车的原理和特点。熟悉化学能与电能的转换。

【实验装置】

氢燃料电池、小车和遥控器，如图 6.5-1 所示。

【实验原理】

氢燃料电池汽车是以氢气为燃料，通过化学反应产生电流，依靠电动机驱动的汽车。其电池的能量是通过氢气和氧气的化学作用，而不是经过燃烧直接变成电能的。氢燃料电池的化学反应过程不会产生有害物质，因此，燃料电池汽车是无污染的，燃料电池的能量转换效率比内燃机要高 2～3 倍。从能源的利用和环境保护方面来看，燃料电池汽车是一种理想的车辆。

图 6.5-1　氢燃料电池小车

和普通电池一样，氢燃料电池由阳极、阴极和电解质组成。大部分燃料电池汽车使用聚合物交换膜燃料电池（PEMFC）。在这一系统中，氢气受压，并通过铂催化剂分解成两个氢离子和两个电子。这些电子会驱动汽车的电动机，而氢离子会和氧气结合成水，以蒸汽"废气"的形式排出。通过将这些电池堆叠在一起，就能为汽车提供足够的电力。

在本演示实验中，用氢燃料电池产生的电能来驱动小车运动。

【实验步骤】

将氢燃料电池与小车联通后放在地上，使氢燃料电池开始工作，之后即可操控小车的运动。

实验 6.6　辉　光　球

【实验目的】

1. 了解辉光球工作原理。
2. 演示、观察几种形状的辉光，熟悉其特性。

【实验装置】

辉光球、荧光灯管等，如图 6.6-1 所示。

【实验原理】

辉光球又称为离子球，有的叫静电球，也有叫电离子魔幻球、静电离子球等。它的外表面为高强度的玻璃球壳，球内充有稀薄的惰性气体（如氩气等），球壳中心是黑色的球形电极，球的底部有一块振荡电路板，通过电源变压器将 12V 低压直流电转变为高频高压加在电极上。通电后，电极周围形成高频高压电场，球内的稀薄气体受该电场的作用发生电离而光芒四射。由于电极上电压很高，故形成从电极向四外发散的绚丽多彩的辉光放电。不同颜色的辉光是由不同的气体形成的。另外，改变电压也会使辉光的颜色发生变化，霓虹灯就是用电压控制颜色的。

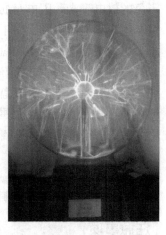

图 6.6-1　辉光球

辉光球工作时，在球中央的电极周围形成一个类似于点电荷产生的电场。当用手（人与大地相连）触及球时，手相当于接地电极，高压极与手之间放电加强，球周围的电场、电势分布不再均匀对称，故辉光在手指的周围变得更为明亮，产生的弧线顺着手的触摸移动而游动扭曲，随手指的移动翩翩起舞。

本实验充分展示了低气压气体（或叫稀薄气体）在高频强电场中的放电现象。

【实验内容与步骤】

1. 打开电源开关，观察绚丽多彩的辉光放电现象。
2. 用手指轻触玻璃球的表面，观察辉光随手指移动而发生的变化。
3. 用手握住荧光灯管，使其一端与辉光球接触，手分别握在与该端的距离不同的各处，观察灯管的发光情况。

实验 6.7　闪 电 盘

【实验目的】

演示平板晶体中的高压辉光放电现象。

【实验装置】

闪电盘如图 6.7-1 所示。

【实验原理】

闪电盘和辉光球的工作原理相似，也可以显示在高频强电场中的辉光放电现象。

闪电盘由许多直径约 2 ~ 3mm 的小气泡构成，小气泡中充有低压气体。在闪电盘不同区域的小气泡中充有不同的低压气体，用以在辉光放电时发出不同颜色的光，形成

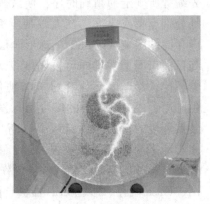

图 6.7-1　闪电盘

彩色的放电辉光。闪电盘的中心安有一个电压高达数千伏的高频高压电极。通电后，震荡电路产生高频电压电场，由于盘内辉光晶体受到高频电场的电离作用而光芒四射，产生神秘色彩。由于中心电极相对圆盘四周电压很高，故所发生的光是一些辐射状的辉光，绚丽多彩，光芒四射，在黑暗中非常好看。

当闪电盘工作时，在盘中央的电极周围形成一个类似于点电荷的场。当用手（人与大地相连）触及盘面时，周围的电场、电势分布不再均匀对称，故辉光在手指的周围处变得更为明亮，产生的弧线顺着手的触摸移动而游动扭曲，随手指移动起舞。

【实验步骤】

实验时只需把仪器电源打开即可进行演示。

【注意事项】

在实验过程中，不要用手或其他的硬物敲打玻壳，以免造成损坏。

实验6.8　大型双层 LED 彩球

【实验目的】

综合展示光电数码、微电脑处理器、彩色 LED 线阵、视觉暂留原理联袂作用的结果，烘托物理氛围。

【实验装置】

大型双层 LED 彩球如图6.8-1所示。

【实验原理】

这是一款新型的电子动态图文显示播放器，采用低噪声、长寿命的电动机来驱动球体内置的高亮度单色或彩色 LED 线阵灯快速旋转，同时彩球内置的微电脑处理器按事先编程所规定的精确时序，使线阵 LED 在其运动轨迹的某处分别点亮或熄灭，在人眼视觉暂留现象的作用下，彩球内存储的图文会以360°的球形画面的方式呈现在播放器中。与目前市面上常见的可视角度仅为100°单向平面显示播放器相比，彩球以其独有的360°视角、色彩绚丽的单色或彩色画面，成为最前沿的广告信息发布媒体，也是烘托气氛、装点环境的精彩点缀；从个体商户到大品牌的厂商都能利

图6.8-1　双层 LED 彩球

用彩球来介绍产品，彰显品牌。彩球内容可随意更改，通过编辑彩球配套的管理软件，创作的作品即刻在彩球的显示区域呈现。因此，集电脑、互联网、Flash 闪存、彩色 LED 器件、图文动画编辑软件等前沿高新技术于一体的彩球有着异常广阔的应用领域。

【实验步骤】

将彩球的电源线插头插入适当的电源插座，球内的转臂开始旋转，片刻后彩色图文信息随之出现。

【注意事项】

1. 如果 LED 彩球显示出的图案或文字有缺陷，可以重新从电脑中传送相关信息，刷新存储记忆。

2. 如果显示出的图案或文字严重闪烁，表示 LED 彩球的供电电压过低，可能是市电电压过低。

3. 关闭电源开关后应等待 30s，才能重新开启电源开关，否则可能会造成 LED 彩球无法正确显示。

4. LED 彩球必须放在室内平稳安全的地方，使用前应检查确认机内各部件紧固无松脱，球体无裂痕。

5. 将彩球关闭时不要拔下电源插头，悬臂不会立刻完全停止，而是一步一步地移动，直到各行对齐合适的位置。

实验 6.9　彩色 LED 魔扇

【实验目的】

综合展示 LED 线阵、发光二极管、视觉暂留原理联袂作用的结果。

【实验装置】

彩色 LED 魔扇如图 6.9-1 所示。

图 6.9-1　彩色 LED 魔扇

【实验原理】

人的眼睛存在视觉暂留现象，正因为眼睛反应迟钝，才丰富了人的视觉感受。LED 魔扇很好地利用了人眼的视觉暂留特性，运用电子技术研制成线阵 LED 运动成像。LED 魔扇是在振片摆到不同位置的时候，让位于一条线上的 LED 显示二维图像的不同列，利用人眼的视觉暂留效应，实现图形扫描显示。输出信号频率的控制通过单片机来实现，用发光二极管进行不同频率的亮灭刷新。当振片摆动时，由于人的视觉暂留原理，会在发光二极管摆动区域产生一个视觉平面，在视觉平面内的二极管通过不同频率的刷新而产生图像，从而达到在该视觉平面上传达信息的作用，得到完整的图形显示。

实验 6.10　悦 动 长 廊

【实验目的】

了解红外光电转换技术在生活中的应用。

【实验装置】

悦动长廊如图 6.10-1 所示。另有红外发射与接收电路系统、音乐播放系统等。

图 6.10-1　悦动长廊

【实验原理】

通过红外发射与接收电路检测人体遮光情况，并形成开关信号，触发音乐播放电路进行选曲并播放音乐。

【实验步骤】

打开遥控电源开关，实验人员从长廊走过，每通过一个传感器就会播放一段音乐。实验完成后关闭电源。

【注意事项】

每次实验最好是一个人走过长廊。

实验 6.11　精 准 通 过

【实验目的】

了解红外光电转换技术在生活中的应用。

【实验装置】

精准通过实验装置包含球体下落轨道系统和篮板篮筐两部分，如图 6.11-1 所示。

图 6.11-1　精准通过演示实验装置

【实验原理】

通过红外发射与接收电路控制球与轨道低端处带有圆孔的挡板在同一时刻到达相应的位置，于是球刚好从圆孔中通过并精准入篮。

【实验步骤】

将小球置于轨道顶端，提起挡板，然后让它们同时下落。

参 考 文 献

［1］路峻岭. 物理演示实验教程［M］. 2 版. 北京：清华大学出版社，2015.

［2］路峻岭. 物理演示实验手册［M］. 北京：清华大学出版社，2015.

［3］吴平. 大学物理实验教程［M］. 2 版，北京：机械工业出版社，2017.

［4］卢荣德. 大学物理演示实验［M］. 合肥：中国科学技术大学出版社，2014.